好习惯 好人生

王建刚　主编

河北大学出版社
·保定·

好习惯 好人生

HAO XIGUAN HAO RENSHENG

出 版 人：刘相美

责任编辑：韩立霞

装帧设计：王占梅

责任校对：牟 霖

责任印制：常 凯

图书在版编目（CIP）数据

好习惯 好人生 / 王建刚主编 . -- 保定 : 河北大学出版社，2025. 1. -- ISBN 978-7-5666-2541-0

Ⅰ . B844.1-49

中国国家版本馆 CIP 数据核字第 2025H0W935 号

出版发行：河北大学出版社

地址：河北省保定市七一东路 2666 号　邮编：071000

电话：0312-5073019　0312-5073029

邮箱：hbdxcbs@163.com　网址：www.hbdxcbs.com

印　　刷：保定市文昌印刷有限公司

幅面尺寸：170 mm × 240 mm

印　　张：21.25

字　　数：340 千字

版　　次：2025 年 1 月第 1 版

印　　次：2025 年 1 月第 1 次印刷

书　　号：ISBN 978-7-5666-2541-0

定　　价：88.00 元

如发现印装质量问题，影响阅读，请与本社联系。

电话：0312-5073023

培树良好习惯　赋能辉煌人生（序）

王建刚

人们每天约40％的行为，源自习惯。心理学家威廉·詹姆斯曾说：“我们的一生，不过是习惯的综合。”习惯，在日积月累中，潜移默化地改变着一个人的性格，影响着一个人的命运。好的习惯就像一片肥沃的土地，为每个人的成长提供源源不竭的动力，成为一种无形的力量，使其终身受益。最初是我们塑造习惯，后来是习惯塑造我们。可以说，掌控了习惯，就能更好地掌控自己的人生，塑造自己的未来。

古人曾说：“养其习于童蒙，则作圣之基立于此。”英国教育家洛克说：“事实上，一切教育都归结为养成儿童的良好习惯，往往自己的幸福都归结于自己的习惯。”我国著名的教育改革家魏书生也曾经说过：“教育就是帮人养成良好的习惯。”由此可见，培养学生的良好习惯是古今中外教育者共同关注的焦点。

习惯塑造品质，品质影响人生。河北诺亚集团始终坚持以德育人，循序渐进地引导学生养成良好的学习习惯和行为习惯，并将其作为贯彻立德树人、育人成才的一个至关重要的环节。良好的习惯可以帮助学生树立正确的人生观和价值观，培养正确的社会行为规范，增强自我修养和社会责任感，提升学生的综合素质和道德品质。

诺亚教育始终秉承“五育齐抓、全面发展、学会学习、成就梦想”的教育理念，注重学生良好习惯的培养，在全面贯彻党的教育方针、落实立德树人根本任务的同时，扎实推进素质教育，促进学生全面发展。通过推进精细化管理、实施爱的教育，校规校训、校园文化的规范和熏陶以及老师们的言传身教，每一个诺亚学子都养成了良好的学习、生活习惯，形成了“精神饱满、专心致志、奋发有为、追求卓越”的良好精神风貌。特别是成功举办的两届培养良好习惯交流会，邀请了魏书生、刘秀祥等一批专家、名师，在提升教育教学质量、改进教育教学方法、培养师生良好习惯、培育德智体美劳全面发展的社会主义建设者和接班人方面都产生了积极而广泛的影响。

为进一步巩固和深化良好习惯培养对师生产生的积极影响，并营造一个注重良好习惯培养的浓厚氛围，使“好习惯成就好人生”的观念更多更好地转化为培育新质生产力的最新硕果，本次“好习惯　好人生”主题征文活动由集团党总支书记、董事长兼总校长王建刚亲自安排部署，集团文化宣教部牵头，在集团各校全体师生中全面开展。集团所属各校及相关部门广泛动员、认真组织、协调配合，各校师生踊跃撰稿。最终，我们共收集到教师组作品150篇、学生组作品270篇。经评委组评分、排名，优中选优，我们最终收录教师组70篇和学生组70篇，并将其编印成集，出书存志。

本次征文作品大多以诺亚校园真实的学习和生活场景为切入点，通过议论、抒情或记叙的方式，真实地描绘了在诺亚校园里师生培养良好习惯的故事。诺亚教师们有的讲述身边事例，有的分享成功经验，有的探讨实施方法，有的发表亲身感受，展现了教师们以身作则、“德高为师，身正为范”的良好风貌；诺亚学子们有的讲述自己在学校的改变，有的以小见大写出自己的成长故事，有的写到老师或他人带给自己的积极影响……总而言之，此次征文作品中不乏立意新颖、观点突出、论述深刻、结构合理、引经据典、集思想性与艺术性于一体的好文章。相信此次征文活动的开展必将推动诺亚文化建设和集团各校良好习惯的培养进入更高、更深的层次。

“好习惯　好人生”征文作品是诺亚师生的智慧结晶，是历史的见证，更是我们充分发挥文化引领作用，凝聚力量、振奋精神、激发活力、共筑辉煌的最好见证。目前，集团老师“脸上有笑、眼中有光、心中有爱、肩上有责”，学生“精神饱满、专心致志、奋发有为、追求卓越”，师生精神风貌良好。在良好习惯的滋养下，我们必将以满怀的激情、无限的潜力、坚定的意志和团结协作的精神，继续在办好人民满意教育的道路上，扎深根、发新芽、长新叶、展新枝、开新花、结硕果，再攀新高峰，再创新辉煌！

目　录

教师组

◇一等奖

◇二等奖

学生组

◇一等奖

◇二等奖

◇三等奖

教师组

◇一等奖

写好日记 种好心田

——唯有复盘才能翻盘

唐县启明中学 李 劝

有人说，写日记，是自己和灵魂深处的另一个自己进行沟通。我觉得，写日记，是深夜真正的自己对白天肤浅的自己的审视和批判。当四周归于宁静，你执笔伏案之时，回顾一天的工作，去反思、去总结、去改变……日复一日，天天复盘，你就会在以后的工作中去改变、去继承，从而快速成长。

写工作日记是在培养一个人的复盘思维，不懂复盘，再努力也是原地踏步。叶澜教授曾经说过："一个教师写一辈子教案，难以成为名师，但如果写三年反思却可能成为名师。"反思，是工作日记的重要组成部分。

2021 年年前，应学校要求，我开始写工作日记，主要从班级事务和数学教学两方面展开。

2022 年 3 月 15 日下午，在东院的集训投球中，李同学低着头走向球场中间捡球，一个实心球从对面飞过来，差点砸到他头上，吓得我顿时出了一身冷汗，冲着他开始发飙："找死啊，谁让你从中间去的！还慢吞吞的，不看球，要眼干什么用!"……当我晚上写日记，回顾一天的工作时，不经意想起被我一顿训斥的李同学。李同学本就内向，被我斥责后一脸委屈和尴尬。这时，我不禁又有些生气，他有什么委屈的，还不都是为他好？我这样安慰自己之余，内心又觉得有些懊恼。写着写着忽然想到一个小故事：有一个人，爱狗如命，听说鱼肝油对狗的健康有好处，他决定给狗试一试。于是他每天把爱犬的头夹在自己的腿中间，用力掰开它的嘴，把鱼肝油灌进去。每次狗都挣扎不已。终于有一天，这个人喂狗的时候，狗挣脱了主人的束缚，把鱼肝油吐了出来。但是，主人惊讶地发现，狗转身竟贪婪地舔食起盘子里剩余的鱼肝油。原来狗并不讨厌鱼肝油，只是不喜欢主人的喂食方式。这个故事让我陷入沉思。学生何尝不是如此，也许他们讨厌的并不是我们的教育内容，而是我们的教育方式。我对李同学明明是关心，是爱护，为什么非要以伤害的方式表达呢？知错就改，善莫大焉。第二天，我用了一节课的时间，再次讲了集训安全，列举了往年学生投球被砸伤的实例，教了他们投球技巧，并在全班学生面前表达了对李同学的关心和歉意。看到孩子对我笑了，我总算放下了心。

这件事让我懂得，虽然爱没有错，但也要爱之有道，为人师胜似父母，应当拒绝“以爱的名义”的堂而皇之的伤害。也正是写日记的好习惯让我反思、学习、进步，我开始喜欢每天在日记本上复盘一天的工作，找不足，做调整。

六一的前一天，为了缓解学生的中考压力，我用了大半天的时间，亲手为每个学生都做了一束棒棒糖花束。晚自习后，我悄悄地把花束放在他们的课桌上，并在黑板上写道：“做我的学生，我宠你！谁还不是个宝宝呢！祝六岁零一百二十个月的你们，节日快乐、不减童真、保持可爱、一切皆甜！六月加油呀！”第二天，孩子们跑完早操，一进教室就发现了惊喜。听到孩子们的尖叫声和欢呼声，我顿感辛苦值得！

然后，我又让课代表每人拿一个，送给科任老师。还没等我转身，几个课代表已经一溜烟儿跑过去，放到了老师的办公桌上。啊，怎么不等老师来了，当面递上，再送上一句祝福？这情商堪忧啊！我赶紧叫停他们，教他们……后面有的同学还收获了老师给的核桃呢。

晚上，当我静下心来回想之时，顿悟这言传身教的力量有多强大。莫非因为我把花悄悄放在了他们桌上，所以他们理所当然地认为也该把花悄悄地放在老师桌子上？“身教”于我，我又有何资格质疑他们的情商呢？

细思极恐，其实每一个学生身上既有父母的影子，又有班主任、老师的影子。“校园无小事，处处是教育。”老师的一言一行，都可能无形中影响学生。当“身教”产生不良后果时，不妨用“言传”来补救——等明天上课时，我一定要告诉孩子们：“我悄悄把棒棒糖花束放在你桌上，是惊喜；而你亲手把礼物送给老师，是尊重!”

心惶惶然，感谢深夜日记让我谨记，身为老师，一言一行皆教育，不能有丝毫马虎和懈怠。

写日记的好习惯，不但让我审视自己并及时做出调整，而且还因为日常积累，让我的班主任工作变得无比顺利。

2022年3月，网课过后的一模考试，我们班成绩不尽如人意，特别是很多男生退步严重。于是在一节班会课上，我就“哄着”学生匿名写一写自己上网课时偷懒和对付老师的招数，并从班主任角度写几条管理网课的建议。学生一听，兴趣盎然，写得很起劲儿。当天晚上，我仔细阅读每一份反馈直到深夜，并在日记本上整理出建议十九条、教训十条，合计二十九条。因为都是学生现身说法，可谓干货满满。最后我写道：“希望国泰民安，不会再有网课，若有，定以此为指导，提高网课管理水平。”

时间到了3月28日，师生已连续在校一个月，感到疲惫不堪。预感网课可能再次来临，于是我趁着二模考试的空闲时间，赶紧参考日记本上的二十九条内容，制定网课量化方案及各块负责人和实施细则。那天的日记整整写了六页，包括“网课课堂十条”“班长A职责”“班长B职责”“课代表A职责”“课代表B职责”“手机监察员职责”“家长职责”以及“每日量化记分表”。经过五天的努力，我于4月2日把这些内容整理为电子版，打印出来，夹在日记本里备用。

果不其然，4月5日，我们又开始上网课了。但得益于日记本的帮助，一切都有条不紊。整个4月份，我们班的网课都上得有声有色、充满活力。那时，我的日记本上贴满了一页又一页的量化表。到了6月，我班有25人顺利升入重点高中，成绩斐然。那一刻，我心中无比感谢我的日记本，它就是我的百宝箱。

“要发中考鞋啦，号码表在哪儿?”

“学生要外出学习了，家长签字的安全协议在哪儿?”

“快百日誓师啦，去年的誓词在哪儿?”

“要中考啦，孩子们前一段报的择校意向在哪儿？去年整理出来的中考注意事项在哪儿?”

别着急，一切一切都在这儿！所谓“好记性不如烂笔头”，它帮你复盘，促你进步；它记录琐事，让你省心；它还直击灵魂，净化心灵。

2022 年 5 月，同事问我：“今年母亲节，怎么没有让学生拍视频给妈妈送祝福啊?”我说：“因为我们班有个孩子，她没有妈妈了……”在我的日记本里，在我内心深处，曾经有一个因为要上讲台介绍“我的妈妈”而泣不成声的孩子，她一直让我深深地自责。我不是一个合格的教育者，不知如何将这悲伤转化为教育的契机。我把她的故事记在日记本里，时刻提醒自己，为人师者，即使不能救人于水火，也绝不可在无意中伤害他人。

我的日记本里也不乏对一道道中考题的解析、一节节数学课的再设计，也不乏对新学习方法的记录，这都是来自深夜的思考、来自灵魂的碰撞。

写三年反思能成为名师，写三年日记肯定也会成为好班主任。让我们养成写日记的好习惯，种好自己的心田，回归自己的内心，领悟教育的真谛。好习惯成就好人生，去写工作日记吧，唯有复盘反思，方能成长为优秀的班主任！

播种习惯　收获人生

唐县六一小学　李凯悦

在集团举办的第二届培养良好习惯交流会上，我非常荣幸地聆听了魏书生老师、刘秀祥老师以及许多教育界人士的精彩讲座。他们不仅逻辑清晰，还十分幽默风趣。我心想："做他们的学生一定很快乐，也很幸福。"听完讲座后，我感到收获颇丰。

教育是什么？往简单方面说，就是一句话——培养好习惯。伟大哲学家亚里士多德说过："人是被习惯所塑造的，优异的成绩来自良好的习惯，而非一时的冲动。"拥有良好习惯的孩子，有如插上了高飞的翅膀，他们在学习上表现得更加出色，成长过程也更为顺畅。训子千遍，不如培养一个好习惯。我们学校也一直在注重培养学生的良好习惯。例如，鼓励孩子坚持每天三分钟课前展示、三分钟操后诵读、三分钟红歌传唱、五分钟规范书写，等等。低年级学生重在学习习惯的培养，可以说学习习惯的培养远远重于知识的传授。好习惯是孩子成长的基石，能让孩子终身受益。

那么，作为老师如何培养孩子的学习习惯呢？我觉得就是矫正、固化，反复抓、抓反复。久而久之，行为就会形成定式，并固化为习惯。老师要达到此目的，赏识、认可、奖励是不可或缺的手段。奖什么？小红花贴纸。孩子们自入幼儿园第一天就认识了它，对它情有独钟。集齐一定数量的小红花贴纸后，孩子们就可以获得一次抽奖的机会。就这样，每天能得个小红花或更多的小红花也成了孩子们每天的一个小目标。那么在平时又该如何操作呢？我最近做了以下探索：

赏：我在课堂中发现表现好的同学就及时予以肯定，奖励小红花，让他自己选喜欢的颜色、样式，然后由他同桌给他贴在书上，最后老师带领全班同学为他鼓掌、喝彩，仪式感爆棚。有仪式感才有神圣感，有神圣感学生才重视，才当回事。

借：有的孩子自我约束力差，课上表现不好。我与全班同学商议能不能先借给他一朵小红花，如果他能够从现在开始直到下课保持良好表现，那么小红花就是他的了，如果表现不好，我们再予以收回，并让他当着同学们的面表态。我提议后，孩子们异口同声地说“行”。我班好几个借了小红花的同学因为担心小红花被老师收回，表现得非常出色。

罚：在课堂上以及日常生活中，有的同学三番五次地违反纪律，面对老师的批评也无动于衷。对于这样的同学我就采取惩罚措施，每次违规就罚他一个小红花。孩子们看着自己攒的小红花越来越少，心里十分惋惜，于是自觉地约束自己。

送：每次课程开始，班里总是乱哄哄的，部分同学在那里喧哗、吵闹，当然也有一部分同学已经做好上课准备，安静地坐在自己的座位上等待老师到来。我进了班以后，就直接给那几位坐好的同学发了小红花。有的同学就问：“老师为什么给他们小红花啊?”我道出原因，顷刻，全班同学都坐得端端正正，整个教室鸦雀无声。

经过一段时间的训练，孩子们的习惯明显好转。小小红花起到了意想不到的作用。

作为一名教师，我深知教育的重要性和意义。也许有的孩子并不是很聪明，也没有很高的天赋，但是他们依然可以获得成功。我认为这大部分原因是自身良好习惯的养成。我希望能够培养孩子的良好习惯，引导他们走得更远，从而在未来有更多的选择。

兴趣改变习惯　习惯成就人生

唐县六一小学　朱伟宁

近几天，我们班的两个“风云人物”孙同学和史同学发生了很大的变化，令我刮目相看。“默默无闻”的孙同学开始主动举手回答问题；调皮捣蛋的史同学现在变成了乖乖男。作为班主任的我非常高兴，高兴之余也在认真思考他们改变的原因，原来这一切都得益于诺亚集团举办的第二届培养良好习惯交流会。

10 月 18 日，我校举行了第二届培养良好习惯交流会，其中一个环节就是展示我校的社团成果。为了迎接本次交流会，我们也做足了准备，特别是各社团。所有的社团成员在老师的指导下认真地进行练习。我们班的孙同学也参加了一项社团活动——机器人社团。当他告诉我社团老师选派他为此次交流会中社团展示的讲解代表时，我既吃惊又担忧——这么一位平时沉默寡言的学生面对这样大的场面能表现得好吗？交流会当天下午社团展示时间，我赶紧打开手机观看交流会直播，并焦急地寻找孙同学的身影。终于到了机器人社团展示环节，看到他的那一刻，我的心也紧紧地揪成了一团。但令我没有想到的是，他不仅在最短时间设计出了赛车，而且在所有参观者面前熟练地介绍了赛车的设计原理和组装流程。他那自信的神态、大方的举止、流畅的语言，让我对他刮目相看。他面对的可是来自全国各地 15 个省市的 1000 多名教育人士，其中还包括著名的大教育家魏书生和刘秀祥老师呀！

当我询问他怎么会有如此大的改变时，他说自从五年级加入了机器人社团，就找到了自己的兴趣爱好。刚接触社团时，看到一堆散乱的零件被组装成一辆辆能跑的赛车，他感到好奇、有趣。在之后的持续深入学习中，他不断尝到成功的喜悦，也因此变得越来越开朗、越来越自信。正应了那句话：

兴趣是最好的老师。兴趣爱好对于孩子的健康成长乃至一生都很重要。

同样因此而改变的还有史同学。自从他参加了篮球社团，在课外活动时间就再也看不到他和同学追跑打闹的身影，跟同学也没有产生过矛盾，而是一门心思地练球，而且身边还多了几个志同道合的朋友。看来一项健康有趣的兴趣爱好是学生受益终身的精神财富。兴趣爱好可以让他们有一种向上的精神支柱，会产生一系列积极的情绪体验。同样，在爱好的驱动下，他们也会寻找兴趣相投的朋友，相互帮助。

他们两个的家长也发现了孩子最近发生的这些变化。史同学的家长通过视频向我表达感谢。她感谢学校、感谢老师挽救了她的儿子。她说到，史同学在暑假期间沉迷于手机游戏，每天都抱着手机，吃饭看手机，上厕所看手机，睡觉也要拿着手机，一旦拿了他的手机他就发脾气，不是摔门就是砸东西，甚至把她赶出了家门。面对这样的情况，她感到非常绝望，感觉孩子已经无可救药了。可是最近这段时间，她发现孩子变了很多，放假回家经常和她聊一些学校里的事情，特别是他参加的篮球社团。他讲社团老师上课的时候怎样耐心地教他们，还讲老师经常牺牲自己的休息时间给他们加时训练。总之，一谈起篮球，他就有说不完的话。此外，他还能主动帮家里做些家务了。最重要的是，他写完作业之后不再沉迷于玩手机了。说到这些变化时，他的妈妈声音哽咽。可以说，兴趣促进了学生良好习惯的养成，好习惯是成就一个人一生的关键。

有的学校培养孩子认知的过程还是通过一道道题目、一张张试卷来完成，而我们学校坚持的是“五育齐抓、全面发展、学会学习、成就梦想”的教育理念。我们的课堂也由原来的“要我学”变成了“我要学”，由原来的“要我说”变成了“我要说”。这种课堂模式激发了学生的学习主动性，把学生培养成一个个优秀的小老师。

在致力于“健康教育、幸福教育、特色教育、智慧教育”的六一小学，我们会一如既往地注重孩子兴趣爱好的培养和行为习惯的养成。让孩子全面发展，是六一小学不懈的追求。

好习惯　好人生

——小书箧　大气象

唐县启明中学　张丽丽

魏书生老师曾说：我们不仅要发现优点，更要守住优点，让优点开花结果。好习惯亦是如此，我们需要发现它的意义，并坚持做下去。如此，我们平凡的生活将会闪闪发光。在启明大家庭里，孩子们养成了不少好习惯。下面让我们来聊一聊孩子们的一项好习惯——整理书箧。在东院，孩子们需要整理好自己的书箧。有人可能要问："一个小书箧，有什么好说的呢?"诚然，书箧虽小，却蕴含"大气象"。实际上，它不仅可以帮助孩子们养成良好习惯，方便他们的生活，还可以带来许多其他益处。下面且听我为大家一一道来。

第一，整理书箧会锻炼一个人的收纳能力。

你是否认为把书本在桌子上磕一磕，然后放进书箧里就算完成了呢？通常，我们看到很多同学就是这么做的，其实这还远远不够！要想真正把书箧整好，一个很重要的原则是分门别类——"书是书，本是本，卷子是卷子"，即课本放到一起，笔记本、练习本放到一起，卷子放到一起。但这还不够，我发现有一些同学会把语数外主课书本放一起，政史理化放一起，对于比较轻薄的卷子，他们则是折起来，分门别类地用小夹子夹起来。不仅如此，他们还会将书、作业本、卷子放在一个相对固定的位置。这样整理后，当我们找起来的时候会非常快!

怎么摆放这些书本？是平着放，还是竖着放？从整齐的角度来说是平着放，但是从取用方便来说，还是竖起来放置，而且让书脊统一朝向一边。这样，我们就能在需要时第一时间取出需要的书本，要知道课堂时间对我们来说非常宝贵。

整理书筐从表面看是个收纳问题，实则是一个人做事情有条理的表现！

第二，整理书筐会让人懂得“取舍”的道理。

由于从书筐里取用书本比较方便，从某种意义上讲，它可以说是书本存放的CPU，主要负责存储当前最重要的、最常用的那些书本。为了保持它的“性能”，那些用完的草稿本子、暂时用不着的资料，可以放到桌膛里面，对于一些无用的本子和废纸，我们要及时把它们扔进垃圾桶。所以，书筐里放什么是有选择的，我们需要及时整理，学会取舍。

第三，整理书筐会让孩子们做好自己，助力塑造集体形象。

考试期间，需要清空教室，书筐要放到教室外边。如果一个班的同学没有遵守一定的规则，你放你的，我放我的，或者书包和书筐混在一起，那景象大家可想而知。因此，书筐的放置要有讲究。班主任会要求同学们分类放置好，书包是书包，书筐是书筐，几行几列整整齐齐，就像操场上我们的方块队一般。如此一来，书筐的摆放就代表了一个班的形象。因为哪怕一个书筐随意放置，也会影响到全班书筐的整齐度。因此，一个书筐的整齐与否，一方面反映了孩子的细心程度，另一方面也体现了孩子们的集体荣誉感。

至此想必大家已经发现，我们不仅仅在说一个小小的书筐，它里面承载了太多的东西！正所谓“管中窥豹”，我们有理由相信，一个会整理好书筐的孩子，大概率会自觉地整理好自己宿舍的内务，会将自己的卧室整理好，甚至会帮助父母收拾好家务。因为，他的生活是有秩序的，他做事情是有条理的。因此，一个小小的书筐，会折射出一个人学习生活中方方面面的习惯，而它的底层逻辑是科学、严谨、有序的思维方式。透过它，他人能够看到这个人勤劳的品质、踏实稳重的内心。

在诺亚，师生展现的好习惯数不胜数。你会看到：孩子们在课堂上保持端正的坐姿，专注地听讲，认真地思考，热烈地讨论；教师热情饱满地讲解，设定明确的目标，书写清晰的板书，循循善诱地引导学生；宿舍里，窗明几净，被褥整齐；教室里，课桌和书本摆放整齐划一；办公室里，办公用具干净整洁……

行为会变成习惯，习惯能形成性格，性格将决定命运。小书筐，大气象，好习惯，好人生！衷心希望大家都能早点行动起来，用21天规律，让自己养成一个个好习惯。相信在好习惯的加持下，教师的工作将会更加条理化和高效，孩子们的学习会更加进步，未来的人生定会走得更高、更远！相信在诺亚这个讲习惯、讲行动的大家庭里，一个个好习惯定会如涓涓细流汇集成汪洋大海。相信未来的诺亚在好习惯的加持下，定将行稳致远！

好习惯成就好未来

唐县六一小学　张金霞

近期第二届培养良好习惯交流会在我校圆满召开，我有幸再次见到仰慕已久的魏书生、刘秀祥等偶像，近距离感受到了榜样的力量，体会到了“追星”成功的快乐。

魏书生表示，教师要善于发现每个学生的优点，并帮助他们巩固优点，进而形成习惯，让每个人的长处发挥到极致，让每个人都在特定的领域形成专业特长。这种理念对我的班级管理方法产生了深远影响。

今年我接的是一个活泼好动、思维敏捷，但是纪律性稍显不足的班。还没有见到孩子们，了解他们的老师就提醒我：“你们班的孩子太活跃了，尤其是那几个小家伙，他们会做一些你想象不到的事情。想要管好他们，你需要做好心理准备。”开学后，我亲身体验到了这一点。上课说悄悄话，排队打饭途中掉队、出队，打闹现象严重，午休、晚休纪律差……面对孩子们的种种问题，我告诉自己：孩子们只是还没有养成良好的习惯，不知道怎样做才好。于是我决定找榜样，以影响孩子们的行为。

邸同学很聪明，但是他有太多自己的想法了。他上课回答问题很积极，就是不认真听讲：老师讲课他做题，同学们做题他看书，总之就是主打一个与众不同。我找他谈话：“你这样做学习会落后的，你的同桌马上就会超过你。”我对他采用了激将法。这成功激起了他的好胜心。他向我保证一定会改掉自己的毛病。后来在数学老师的监管教育下，孩子养成了专注的好习惯，上课听讲别提多认真了，数学成绩也提高了。期中检测，他数学考了 94 分。而且，他和同桌相互学习、相互竞争，同桌的进步也很明显。

个别孩子在就餐时浪费现象非常严重，有时会把整个面包丢进垃圾桶。尤其是李同学，我很多次看到他餐盘里的食物还没有吃完就倒掉了。我找他谈话：“为什么把那么多的饭菜丢掉?”他理直气壮地告诉我：“不喜欢吃。”面对孩子的回答，我并没有大声呵斥他，而是给他看了段抖音视频：穿着破烂衣裳的小男孩把掉在地上的面包擦了擦土继续吃。看完后问他有什么感受。面对我的提问，他羞愧地低下了头。从此以后，他再也没有浪费过粮食。现在，他基本上是吃多少打多少，吃得特别干净。有时见到我，他会高兴地说：“老师，我吃完了，看，一粒米也没剩。”

当孩子们每天重复一个动作，久而久之就会形成一个习惯。好的习惯真的可以改变孩子的思维方式，也能够影响孩子的行为。每天，孩子们都在悄悄地改变着，我相信孩子们会变得越来越好。我坚信发现孩子的优点，并把孩子的优点守住，不动摇，不懈怠，不折腾，每个孩子一定会变成最优秀的自己，成为我期望的模样。

人们常说：“播下一个行动，收获一种习惯；播下一个习惯，收获一种性格；播下一种性格，收获一种命运。”习惯的力量是巨大的，人一旦养成一个习惯，就会不自觉地在这个轨道上运行。好的习惯会使我们受益终身。

“语”众不同展风采　良好习惯促成长

唐县启明中学　石亚宁

习惯的培养对孩子来说尤为重要，这将关系到他们以后的工作与生活。教育就是帮助人养成良好习惯，这也是魏书生的重要教育主张。他提出的“七个一分钟”和“八个好习惯”，比如“一分钟踏步”“一分钟军歌”“一分钟日记”和制订计划的习惯、预习的习惯、自己留作业的习惯等，涵盖德智体美劳等方面。因此，教育孩子最重要的就是培养习惯，好习惯能成就好人生。

课前演讲促进学生成长

我一直在思考，有没有一种契机或者一种力量，可以用来激发孩子们的学习热情，直到我学习了魏书生老师的“一分钟演讲”。为此，我一直在努力抓住课前五分钟演讲，培养学生敢于表达、热爱表达的好习惯，立志打造高效的语文课堂。

已经上了两节课了，孩子们有些疲惫。“我们来唱支歌吧！”我大声提议。孩子们的脸上洋溢着欣喜的笑容。“老师，就唱《我们都是追梦人》。”快嘴的周同学提议道。我立即同意了，因为这也正是我想要孩子们唱的。看，歌词写得多好啊，我们先一起朗读：“每个身影同阳光奔跑。我们挥洒汗水，回眸微笑。一起努力，争做春天的骄傲……我们都是追梦人，千山万水奔向天地跑道……我们都是追梦人，在今天勇敢向未来报到……”

于是，整个大课间，教室里一直回荡着我们师生欢快的歌声。就在歌声快结束的时候，我一眼瞥见了刘同学为下节语文课准备的课前演讲，其中有一句是顾城的《避免》："你不愿意种花，你说，你不愿意看见它一点点凋落。是的，为了避免结束，你避免了一切开始。"

演讲结束，我问同学们对这句话的感受。"老师，这首诗告诉我们，没有经历就不会有成长。""老师，这首诗告诉我们，要敢于追求生活中的美好事物。""老师，这首诗告诉我们，要努力学习和拼搏。""老师，这首诗告诉我们，要敢于追求，不要先去想结果。"这时，坐在第一组靠窗的李同学也举起了手："老师，我也想努力付诸行动，把数学学好，但是我确实不会呀！"

我走到他身边，对他说，也对全班同学说："魏书生老师说：'学习就是过日子。每天不攀不比，高高兴兴，眼睛内向，脚踏实地，做自己能做的事，写自己能做的作业，算自己能做的题。很小的事情在别人看来没什么意思，但你越做越有趣，越做越开心，全身心投入也干不够的时候，你会发现再小的事情都是一个宏大的世界，这样你就没有骄傲的时间、自卑的时间、焦虑的时间、烦恼的时间，你就会天天生活在幸福当中。'"

听完，孩子们睁大了明亮的眼睛，似乎明白了些什么。特别是那些成绩比较差的孩子，我看到了他们脸上的自信。

培养学生课前演讲的好习惯，让学生越说越会说、越说越敢说。他们的演讲中有现实的思考、生活的勾勒、榜样的魅力、阅读的乐趣……每一次演讲都精彩纷呈，每一次演讲都是成长的印记。

"一分钟日记"唤醒学生动力

魏老师建议每个孩子都养成写日记的习惯。为此，我利用每天中午的时间，让学生准备好纸和笔，让他们在一分钟内专心、认真地写日记。这样，孩子的目标会非常具体而明确，行动的积极性会提高很多。

学生的日记内容丰富而广泛。有时候会写一些感恩的事，如感恩大自然，感恩健康的身体；有时候写一些成功的事，如成功地学习了一个解题方法；有时候会写自己的心情，如今天很开心，或者今天有点不开心；有时候会写自己的目标、愿望、理想、梦想……

作为语文老师的我很重视学生日记的批改。学生有文采的文字，我会用红笔圈画出来，鼓励学生在写作中发挥想象力。对于写作能力薄弱的学生，我则引导他们从最基础的句子开始，再到段落，最后成篇。比如在一篇日记中，一名学生不擅长写作，只写下了“今天下雨了，我的心情很不快乐”，我就会引导他将“不快乐”通过各种描写方式写出来。同时，全班同学你一言我一语，一会儿就写出了一大段表现不快乐的语段。我想，对这位学生而言，其实这一天最大的快乐就是用自己的文笔真实地记录了“今天的不快乐”。

一分钟日记蕴含着无限的精彩，它唤醒了学生的学习动力，见证了学生的成长。在情真意切的一分钟日记里，我感受到学生前进的力量，更看到了希望的曙光……

培养良好的学习习惯，激发学生的学习兴趣，让学生在轻松的氛围中学习，获得自信，每一天都更加充实。我希望我的每一次语文课，都能成为孩子们的期待，成为他们成长的见证。我愿永远做学生的马达，推动所有学生发现自己最美的一面，激励所有学生努力打造自己，成就最美的自己！

我坚持着，期待着……

培养良好习惯　成就美好未来

唐县六一小学　刘　欣

如果说教育是一首诗，那么诗的名字就是满腔热情；如果说教育是一幅画，那么画的主题就是书写未来；如果说教育是一首歌，那么歌的寓意就是无私奉献。听了魏书生老师的讲座，我才真正领悟到教育的真谛就是培养学生的好习惯，有好习惯陪伴孩子成长，孩子才会受益终身。

还记得那年 9 月，我初次担任一年级的班主任，孩子们天真烂漫、活泼好动，让我打心眼里喜欢。白天他们快乐地玩耍，等到夕阳落山、倦鸟归巢时，他们就会哭成一片，“想家”“想妈妈”成了孩子们的口头禅。此时的我有不知所措的愁苦，也有被孩子们需要的满足感。

大部分孩子就这样慢慢地适应了寄宿生活。可一个叫月月的小女生却吸引了我。她和哭闹想家的孩子恰恰相反，月月从没说过想家，上课几乎从不发言，咬铅笔，啃橡皮，上课叫起来回答问题也是支支吾吾，不知所云，下课更是不听从安排，要么就像脱缰的野马一样疯跑，要么就跟别的小朋友打打闹闹，不但惹得小朋友反感，还给我的工作带来了很大的麻烦。无论我怎么苦口婆心地教育，都无济于事。万般无奈，我拨通了月月家长的电话。

这次电话家访让我意外极了，据月月的奶奶说，在月月四岁的时候，爸爸身患肝癌永远地离开了，妈妈也因不堪重负改嫁，小月月不得已只能由年迈的爷爷奶奶照顾。爷爷奶奶觉得小月月从小失去双亲，对孩子不舍得管教，因此她养成了很多不良的习惯。

得知月月的身世之后，我的心也为之一颤，阵阵酸楚涌上心头，一个刚刚七岁的小女孩儿，怎么能经得起如此打击？她稚嫩的肩膀，怎么扛得住这么多风雨？在同情与怜悯之余，我更意识到作为她的班主任责任之重大。想到之前对她的训斥和不耐烦，我感到很后悔，也为自己没有了解情况而自责。我心里暗暗发誓要把月月当成自己的亲人，让她也能像其他孩子一样拥有阳光的生活。

从那以后，我总是不断地提醒自己，面对她时，目光再温柔一些，语言再亲和一些，鼓励再多一些，要耐心地帮她养成良好的生活习惯。

小月月从开学的第一天就背着哥哥用过的旧书包，因为背的时间过长，外面满是污迹。课间我教月月整理，她不屑一顾地看了我一眼，说："这个书包本来就很破旧了，拉链也坏了，老师，就算我整理了，还是乱糟糟的。"看着眼前这个书包，我不得不承认月月的话不是没有道理。这正是一个很好的激励时机，我抚摸着月月的头，说："月月，如果书包和其他小朋友的一样，你会把它整理好吗?"她面带微笑，坚定地点了点头。

放学后，我去商场买了小孩子最喜欢的喜羊羊书包。第二天，我把书包递给她，说："从今以后，你就是这个书包的新主人，你一定要把文具装好哟!"我亲自示范，并帮她整理。月月捧着书包，眼神里藏不住满心的欢喜。

从那以后，她装文具时也格外小心翼翼，书本也不折角了，铅笔也不乱放了，尺子也被安排在了固定的位置。于是我在班里授予月月"书桌小达人"的荣誉称号。这个小书包带给月月的不光是满心欢喜，还有一种很珍贵的东西，那就是好习惯。

虽然月月能整理书桌了，她的卫生习惯还是让生活老师犯愁。她不喜欢换衣服，每次生活老师给同学们洗校服，月月总是充满抗拒，而且每天都披头散发、衣冠不整。早上来到宿舍，看到月月一个人站在角落里，我拉起月月的小手，轻声地告诉她："老师可会扎漂亮的小辫子了，让我试一试，好吗?"月月冲我微微一笑，不再抗拒。帮她扎完小辫子，我拿着镜子让月月看了看，她又一次美滋滋地笑了。她可能也真正地意识到，这样的自己看上去确实很美。就这样，每天我都早早地起床教月月梳头发。经过一段时间，月月学会了梳头发，她整个人的精神面貌焕然一新。

从生活到学习，月月一步一步地发生了改变，她的好习惯也在慢慢地养成。在不断的激励与表扬中，月月的学习也有了进步，上课发言也变得大胆自信了。

人们常说："播下一个行动，收获一种习惯；播下一种习惯，收获一种性格；播下一种性格，收获一种命运。"习惯就像一部百科全书，指导着我们的生活。可能有许多孩子是跟爷爷奶奶一起生活，那种溺爱和纵容让他们养成了散漫的性格。因此，作为老师的我们，育人的责任更为重要，我们需要用爱心、耐心和责任心培养学生的良好习惯，让他们在好习惯中收获美好的人生。

培养学生好习惯　成就美好未来

唐县启明中学　田玉凤

如果说命运是一幅幅壮丽绝伦的山水画，那么好习惯便是一笔笔炉火纯青的勾勒；如果说命运是一幢幢高耸入云的楼宇，那么好习惯便是一块块默默无闻的青砖。正如教育家叶圣陶所言："教育的本质在于习惯的培养。"习惯是人们在长时间内逐渐形成的、具有系统性和稳定性的心理和行为模式，是个性特征的关键组成部分。由此可见，良好习惯的养成并非与生俱来，而是个体后天学习和实践的结果。作为教师，我们的职责是培养学生良好的学习习惯，为他们铺就通往美好人生的道路。

随着新学期的到来，我们迎来了又一批九年级的学生。他们在走廊上欢声笑语，无忧无虑地玩耍，同事们不禁为他们的学习态度感到忧虑，戏谑地称他们为"放养的孩子"。若没有形成良好的学习习惯，没有保持积极的学习态度，他们又如何能够顺利考入理想的重点高中呢？在新学期的首次升旗仪式上，赵瑞红校长在国旗下发表了讲话，强调了遵守纪律的重要性，并教导学生们首先要学会向老师问好。他教学生们如何以 45 度鞠躬的方式向每位老师问好。他强调，只有尊重老师，学生们才能从他们那里学到宝贵的知识。从此以后，在校园的各个角落——无论是教室、食堂还是走廊，都能看到学生们彬彬有礼地向老师问好的温馨场景。

为了评估学生暑假期间的学习成果，学校在开学的第二天组织了一次九年级的摸底考试。作为二号值班组的成员，我在考试当天负责在小卖部值班。第一场考试结束后，许多学生纷纷来到小卖部购买生活和学习用品，我负责维持小卖部的秩序。突然，我注意到不少学生都涌向操场，观看其他年级的体育课。由于考试休息时间仅有十分钟，若没有人提醒他们注意时间，他们可能会耽误第二场考试。于是，我向值班组长贾宗良老师报告了情况，他迅速前往操场，将学生带回教学楼。赵瑞红校长在会议中强调，课间休息时学生不得在楼道内喧哗。她鼓励学生跟随老师的教学思路认真听课，并在课后积极向老师请教。经过一段时间的努力，学生们不再在楼道内打闹，还会抽空向老师请教问题，逐渐养成了热爱学习的良好习惯。

每逢月考，学生们需整理书本，但部分学生习惯不佳，考后常有书本或试卷遗失。为培养学生的良好整理习惯，学校举办了书筐整理大赛。考试前，学生需将书本统一放入书筐，并整齐地摆放在教室外，营造出整洁有序的环境。整理书筐能帮助学生迅速找到所需书本，节省时间和精力，从而提升学习效率。在整理书筐时，学生应将物品分类，如教材、练习册、试卷等需摆放得井井有条，从高到低排列，甚至具体到每本书的位置，确保物品整齐划一、赏心悦目。整理书筐能锻炼和培养学生的分类能力，例如将课本、练习册和试卷分别集中摆放，无论是竖着还是横着，都需考虑如何最大化容量。从数学角度分析，这有助于培养学生的观察、分析及分类能力。考试期间，学校会对各班的书筐整理情况进行评比，选出前三名。班级受到表扬，学生感到非常自豪，这会激发他们的集体荣誉感，并有助于培养他们良好的生活习惯。

课堂是习惯养成的关键场所。培养学生的正确读写坐姿，有助于塑造学生积极向上的精神面貌，进而使他们更加专注于课堂，提升学习效率。当晨曦的第一缕阳光洒向大地时，教学楼中的琅琅书声已响彻整个校园。“一日之计在于晨”，美好的一天，从晨读开始。充满激情的早读，让学生更加集中注意力。在课堂上，学生们全神贯注地听课，坐姿端正，不托腮，不跷腿，做到眼到、耳到、手到、心到。学校强调对学生“三姿”的培养。第一，身教重于言教。各班需建立共同管理的机制。“三姿”问题不是某一学科或某一位教师的单独责任，而是所有教师必须共同面对和承担的责任。我们努力实现“每节课都抓，每个人都要抓，每天都要抓，每月都要抓”，持之以恒。第二，以身作则。教师的示范作用也至关重要。实践证明，哪位教师的字写得好，他的学生通常也会写得不错。同样，教师良好的坐姿和站姿也会对学生产生积极的影响。第三，有效指导，严格训练。在课堂上，教师应观察学生在听课和写字时的姿势是否正确，并及时纠正不规范坐姿、站姿，做到腿勤、手勤、嘴勤。对表现良好的学生，教师要及时给予表扬，特别是那些有进步的学生。

良好的学习习惯促进了学生对知识的掌握和技能的形成，对提高课堂效率、激发学生的积极性和主动性，以及促进学生核心素养的培养起到了至关重要的作用。美国心理学家威廉·詹姆斯曾经说过："播下一个行动，收获一种习惯；播下一种习惯，收获一种性格；播下一种性格，收获一种命运。"我希望在所有教师的共同努力下，学生能养成良好的学习习惯，为他们美好的未来奠定基础。

好习惯成就学生的一生

唐县启明高级中学　陈逸楠

著名心理学家威廉·詹姆斯曾说："播下一种思想，收获一种行为；播下一种行为，收获一种习惯；播下一种习惯，收获一种性格；播下一种性格，收获一种命运。"陶行知先生也曾谆谆教导教师："要学生做的事，教职员躬亲共做；要学生学的知识，教职员躬亲共学；要学生守的规则，教职员躬亲共守。"所以说，要把学生造就成什么样的人，自己就应当是什么样的人。如果我们每位教师都能成为学生的榜样，那么培养学生的良好行为习惯将"事半功倍"！

学生的模仿能力极强。他们把老师想象得近乎神圣和完美，他们对教师特有的期望和依赖，往往使他们在观察老师时会产生一种"放大效应"和"模仿效应"。老师说的每一句话、做的每一件事、走的每一步路都直接影响着学生。在他们眼里，老师就是他们的榜样，他们千方百计地学着老师，模仿着老师。也就是说，老师的一言一行都处在最严格的监督之下。我们要规范学生行为，使学生养成良好的行为习惯，就要充分利用这种"放大效应"和"模仿效应"。学生是一张白纸，可塑性非常强。在学生心中，老师是他们崇拜的偶像。教师的优秀习惯能够对学生的行为习惯产生潜移默化的影响。在整个行为习惯的培养过程中，教师的示范作用是给予学生最有效的教育。

我们要有对学生保持耐心的习惯

耐心是一名教师的必备素质，是师德修养的一个重要方面。教师要处变不惊、处烦不怒、处忙不躁，要能晓之以理、动之以情，因势利导，切忌简单粗暴、急功近利，因为“欲速则不达”。

我目前教的高二（2）班中，有个王同学，他口才出众，性格讨人喜欢。然而，在学业上，他的表现并不尽如人意。课堂上，他经常分心，做作业时总是拖拖拉拉，不愿意动脑筋思考，书写也相当凌乱。因此，我与他进行了交流，期望他能遵守学校的规章制度，重视学习，按时完成作业，知错能改，努力进步，成为一个受欢迎的好孩子。尽管他能够坦率地承认错误，却似乎无法改变自己的行为，仍旧我行我素，毫无改进。每次面对他的情况，我都感到非常沮丧，几乎要放弃，心中甚至闪过念头，认为他或许是“朽木不可雕”。但作为教师，我深知不能因为一点困难就轻易放弃，必须保持耐心，尽我所能去影响他！我下定决心：不成功，绝不放弃。我认为，他的停滞不前，可能是因为缺乏明确的学习目标，没有真正意识到自己的问题，也没有真正渴望成为一个受欢迎的人。

为了引导他走向正轨，我采取了一系列措施。首先，我帮助他意识到自己的错误，并坚定他成为好孩子的决心。随后，我与他进行了一次对话，询问他：“你想改正错误，成为一个受欢迎的孩子吗？如果想，你打算怎么做呢？”他回答说：“我以后一定会遵守纪律，认真完成作业。”我提醒他：“记住，言行要一致。”后来，每当他取得些许进步时，我都会及时地表扬并激励他，确保他感受到老师的关怀无处不在。他也逐渐明白了做人的道理，明确了学习的目的，端正了学习态度。为此，我感到由衷的高兴。

我想，“老师没有教不好的学生，只有不会教的老师”这句话说得一点儿也没错，我们的孩子就需要用爱心和耐心去感化。

我们应当培养欣赏他人的习惯

学会欣赏他人，有助于消除特殊学生的自卑感，为他们带来希望之光。我们应致力于让每个生命都沐浴在阳光下，将爱无私地洒向每一位学生。我们应一视同仁，公正地对待每一位学生。欣赏他人是一种美德，它绝非简单的奉承或敷衍，也不是仅仅拣选他人爱听的话语。真正的欣赏是发自内心的赞美，是努力发现并认可他人的优点。我们应该自觉地学习他人的长处，以弥补自身的不足。

当我们欣赏一个学生时，会发现教育的世界也随之变得开阔，因为每个学生都是一个独特的存在，拥有自己的思想、情感和活力。在每个班中，总有一些孩子特别活泼好动，甚至调皮捣蛋。然而，无论他们多么淘气，他们终究是孩子，需要成人的关爱与关注。老师在他们认真书写时给予一个赞许的拇指，在他们解对题目时送上一个鼓励的微笑，这些小小的肯定和鼓励往往就能激发他们的积极转变。

何同学是一个典型的例子。经过接触，我们发现这个孩子天性善良，非常听话，但他的行为习惯尚需规范，缺乏自我约束的能力。在何同学犯错时，适当的批评教育是必要的，但同时要给予他正面的鼓励，让他意识到自己身上的优点和已经做得好的地方，以及他有能力变得更好。这样的做法能够激励学生在自己擅长的领域表现得更加出色，错误自然会逐渐减少。当批评减少，而对他的正面认可增多时，他犯错的频率也会降低，从而形成一个积极的循环。如今，尽管何同学的习惯仍需改进，但他在态度上的进步已经非常明显。用欣赏的眼光看待学生，能够激发和唤醒孩子的内在潜力，避免让我们的言辞成为学生的负担。学会用欣赏的眼光看待学生，总会有意想不到的收获。

培根说："习惯是人生的主宰，人们应该努力地追求好习惯。"叶圣陶指出："教育，就是培养良好的习惯。"良好的行为习惯是个人健康成长乃至实现人生成功的基石。在学生的青春旅程中，教师扮演着至关重要的角色。如果教师能够用自己的行为习惯去积极影响学生，为他们的青春岁月增添一抹亮色，这将是一件极具成就感的事情。或许这正是我们作为人民教师的深远意义所在。

在习惯中收获

唐县启明中学　曹彩兰

“好雨知时节，当春乃发生。随风潜入夜，润物细无声。”习惯便如那场春雨，悄无声息地滋润万物。教师的良好习惯和言行，更如同一场春雨，在学生心中播下成长的种子。

鼓励——成长

作为九年级语文教师，我在本学期初对学生进行了写作水平的初步评估。测试结果令人失望，学生们的作品中充斥着各种错误。尽管如此，我依然认真地批改了每一份作业，并对每个学生进行了个别指导。我还特意在白板上展示了他们的优点和努力的成果，并公开表扬了他们。尽管表扬的次数不多，但我注意到学生们眼中闪烁着光芒，坐姿也变得更加端正。在那一双双充满期待的眼睛中，我看到了希望的曙光。第二天，一位女生腼腆地微笑着找到我，请求我帮她审阅一篇作文。我快速浏览了一下：题目是《生活很甜，记得微笑》，字迹工整，洋洋洒洒写满了整页。我感到非常惊讶：这显然是她即兴创作的作品，一定是她内心的真实感受！在初三如此紧张的学习生活中，她怎么会有时间来完成这样的作品呢？我猜想她可能是牺牲了午休时间，或者是晚睡早起。她的努力让我深受感动，我立刻答应帮助她尽快修改。当我完成这篇作文的批改时，已经过去了半节课的时间，但我依然保持着专注的坐姿。这篇作文出自九（6）班的一位理科成绩不佳的学生——向阳。面对初三紧张的学习节奏和难以掌握的知识点，她感到迷茫、困惑、胆怯和自卑。然而，赵娟老师的每日微笑和鼓励给予了她自信，教会了她如何以积极的态度面对生活。她在作文的结尾写道：我望向窗外，阳光普照大地，万物似乎都在对生活微笑。草木向阳而生，心若向阳，我便向阳！生活很甜，记得微笑！读到这里，面对这篇被我密密麻麻批注的作文，我由衷地笑了——我们日常的鼓励，是助力孩子健康成长的强大力量！

微笑——心态

那天，诸事不顺，琐事如山。恰巧，学生们提交的作业也令人失望。我带着满腔怒火来到教室门口，一场风暴似乎即将爆发。然而，我努力克制自己的情绪，深呼吸后勉强挤出一个微笑，心情随之轻松了许多。我重新整理了开场白，然后才走上讲台……学生们原本紧张的小脸也逐渐放松，一节课就在轻松愉快的氛围中度过。我惊讶于微笑所蕴含的强大力量。

回顾过去，我常常将心情写在脸上，尤其是愤怒，似乎成了家常便饭。然而，我未曾意识到，情绪是具有传染性的。我传递给学生的紧张氛围，又怎能提升课堂效率呢？不如培养一种习惯性的微笑，这不仅能够使我们双方都感到愉悦，还能有效提升教学效果。

通过撰写简短文字与孩子们分享，孩子们逐渐掌握了表达能力；通过与孩子进行一对一的交流，孩子们学会了沟通技巧；通过不懈的努力和专注，孩子们学会了勤奋……在这些良好习惯潜移默化的影响下，孩子们将茁壮成长！

让我们养成良好的教育教学习惯，在习惯中收获，在习惯中进步！

◇二等奖

少成若天性　习惯如自然

唐县启明中学　娄亚明

孔子曰："少成若天性，习惯如自然。"从小养成的习惯会伴随一个人的一生，而良好的习惯犹如一剂良药，能够治愈我们许多不足之处。培养良好的习惯，就像为梦想插上飞翔的翅膀，为成功奠定坚实的基础。我认为，无论是我们身上积极的、优秀的特质，还是那些不良的、导致失败的因素，它们大多源自我们的习惯。我始终相信，一个人的品格和能力在很大程度上是由习惯塑造的。习惯使我们不自觉地行动，它塑造了我们的第二天性。正如俗话所说：一个好习惯可以成就一个人，而一个坏习惯足以毁灭一个人。良好的习惯是开启成功之门的钥匙，而坏习惯则是一扇通往失败的大门。

讲到这里就不得不提前段时间集团成功举办的第二届培养良好习惯交流会。此次活动邀请了来自全国各地的教育界精英，他们齐聚一堂，交流经验，分享智慧。特别值得一提的是，著名教育家魏书生老师也莅临现场，他分享了许多自己从教多年的宝贵经验。魏老师说："习惯决定性格，性格决定品质，品质决定人生。"从这句话中不难看出，魏老师重视培养学生良好的习惯。魏老师曾表示，由于频繁外出做报告、交流经验、参加各种会议，他在教学上的时间已被大幅压缩。然而，他所教班级的成绩始终名列前茅。优异成绩的取得，归功于学生们已经养成的良好学习习惯。即便在没有老师指导的情况下，他们依然清楚每天应该做什么。就像魏老师说的那样："人人有事做，事事有人做，时时有事做，事事有时做。"优秀的习惯塑造个性。一旦某人习惯了某种行为模式，若突然中断，他可能会感到焦虑和空虚。习惯的力量在于它能潜移默化地改变一个人的性格。例如，你开始变得果断，言谈自信，日复一日，生活充实，性格在不知不觉中得到完善。良好的性格是未来成功的基石，这一切都源于良好的习惯。

为何良好的习惯至关重要？我身边有一个极佳的例证，它充分证明了习惯塑造人生的道理。

三年前，正值我执教生涯的第五个年头。然而，我身上依旧存在许多不良习惯。我的身体比较虚弱，从最初上五楼便气喘吁吁，演变为仅上三楼便感到呼吸困难。我的身体在向我发出紧急警告，敦促我必须做出改变。但是这不好的习惯还真不是一时半会儿就能改的。就在这时候，李向阳校长出现了，他对我说："小娄，还没结婚吧，这身体可不行啊，要不每天跟我一起跑步吧？"当李校长说出这句话的时候，我的脑子里突然不知道从哪儿冒出一句话：21 天，专家说只需要 21 天就能养成一个跑步的好习惯。于是，我欣然应允。就这样，我开始每天跑步，从 1 公里变成 2 公里、3 公里，整整坚持了一个多月。但是突然我的腿就不行了，莫名地疼痛，我不敢再去跑步了。然而，李校长的情况就不同了。我们曾一同设定目标，开始跑步锻炼。我坚持了一个月，而他至今已经坚持了整整三年。有一次我在南环校区见到他，他说："我现在每天不跑步就浑身难受。"我猜想，李校长或许已经成功地养成了跑步的习惯。此后，我总能在朋友圈看到李校长分享他跑了多少公里的动态。提及李校长，我不得不提到另一位校长——邸进跃。邸校长对体育充满热情，坚持跑步超过 20 年，实在令人敬佩！

接下来，我要介绍的是我们集团的董事长兼总校长——王建刚先生。在我的记忆中，王董特别热衷于锻炼身体，尤其是篮球运动。记得在我刚加入公司不久，就经常看到王董来到我们学校的篮球场上，与邸校长、体育老师们一起切磋球技。我也曾偶尔加入，展示一下自己的球技。然而，没过多久，我就因为体力不支而不得不下场休息。如今，我在启明工作已经七年多了，仍然能够看到王董在球场上挥洒汗水的身影。我想，对于王董来说，进行体育锻炼已经成为一种习惯，如果哪天不运动，他可能会感到浑身不自在。

王董在有形和无形之中影响着所有教师。他为教师们采购运动鞋，组织教师参加跑步比赛，鼓励教师们每天至少运动一小时，倡导健康生活理念。这种远见卓识令人钦佩不已。感谢董事长的引领！

自古至今，纵观历史的长河，许多伟大人物的成就都与他们良好的习惯密不可分。齐白石珍惜光阴，每日坚持创作五幅画作；马克思勤奋好学，在大英博物馆的一个座位上留下了他深深的足迹；文学巨匠列夫·托尔斯泰自六岁起便养成了写日记的习惯，这为他一生的辉煌成就奠定了基础。这样的例子不胜枚举。然而，真正能够做到并持之以恒的人却寥若晨星。或许这正是平凡与伟大之间的分水岭。

大多数人的一生都是平凡的。在生命的旅途中，每个人都会遇到各种各样的挑战。有些人被岔路所困扰，停滞不前，茫然失措。然而，那些拥有良好习惯的人，在面对困难时能够保持从容，应对自如，因此他们能够脱颖而出。英国著名哲学家培根曾经说过：“习惯是一种顽强而巨大的力量，它可以主宰人生。”是的，没有人天生就拥有超人的智慧，成功的捷径恰恰在于貌似不起眼的良好习惯！

拥有良好的习惯，才能让我们走得更远。愿我们每一个人都能养成良好习惯，成就美好人生！

如何在音乐课堂中养成良好习惯

唐县六一小学　刘盟宣

我再次观看了魏书生老师的报告视频，并阅读了他的书籍，感触颇深。在查阅魏老师的资料时，我注意到他没有使用任何华丽的辞藻，也没有提出任何动听的口号，只是讲述真实而具体的育人故事，以及切实可行的教学经验。

在众多行业中，教育领域拥有独特的地位。当你全心投入自己的教育事业，你将逐渐发现自己的优势，发展个人特色。当你全身心投入某项工作时，它不再是压力的来源，而是一种乐趣。当你将全部精力真正投入教育这片肥沃的土地上时，你会发现自己拥有无限的潜力。我长期从事音乐教学，深知音乐不仅要求唱、跳、吹等技巧，更需要坚实的基本功，最终才能以精彩的表演呈现给观众。

回顾这次交流会，在指导小钟琴社团从筹备、排练到最终展演的整个过程中，我深刻认识到培养孩子们良好习惯的必要性。尽管排练时孩子们表现得相当出色，但在面对众多观众展演时，孩子们却显得异常紧张，手抖得几乎无法准确演奏，甚至出现了忘记乐谱的情况。这反映出孩子们的锻炼还不够充分，尚未养成良好的习惯。“台上一分钟，台下十年功。”在未来的教学中，我将注重从日常点滴中培养学生的良好习惯。

一、音乐学习习惯培养的基础：课堂学习常规的管理

二年级学生年纪尚幼，对他们施加过大的压力，可能会抑制他们对知识的渴望和对学习的热情。我们的目标是引导他们将小手摆放得当，保持正确

的姿势，随时准备进入练习状态。例如，我们可以通过儿歌的形式教授正确的握锤和锤击姿势，让孩子们边读边做动作。有时，我们还可以为儿歌配上旋律，或是学习一些课堂常规的歌曲，同时记忆音乐元素。这些技能不是一节课就能掌握的，因此在第一个月的教学中，我们需要特别关注这些姿势要求，并运用小组竞赛和表扬等教学策略来吸引孩子们的注意力。由于是音乐课，我们采用具有音乐特色的奖励标志，比如高音谱号（不同阶段使用不同的音乐符号）。这样不仅能逐渐改善课堂纪律，还能让孩子们在潜移默化中认识这些音乐符号。口头表扬同样至关重要，如“那组小朋友坐得最端正”“这位小朋友表现真棒”等表扬语句，能有效地帮助学生在不知不觉中养成良好的习惯。这些是音乐课堂上最基本的良好习惯。

二、音乐学习习惯培养的核心：课堂学习好习惯

（一）培养聆听的习惯。音乐课对听力的要求远高于其他学科。首先，学生需要专注聆听，理解老师的讲解，并在最短时间内把握所传达的信息，不受外界干扰。这是所有学科共有的基础要求。其次，学生要能够准确区分不同的音高，并尝试模仿，与老师的示范进行比较，判断自己是否唱得准确。这不仅需要听课，更需要学会欣赏和辨别音质。为了检验学生的理解程度，课堂上我常会要求他们口头复述所学内容，以此评估他们的听课效率和记忆力。有时，我会唱出一句旋律，随机挑选一位学生跟唱，通过这种即兴抽查的方式，引导学生养成良好的听唱习惯。这种习惯对于音乐学习来说至关重要。我们必须加强这方面的训练，因为它将影响学生在音乐学习方面的表现。

（二）培养阅读乐谱的习惯。阅读乐谱的习惯与聆听的习惯紧密相连。它是音乐学习中不可或缺的基础习惯之一。掌握阅读乐谱的技巧，意味着能够边听老师唱边看乐谱。在培养这一习惯的初期，我让学生观察黑板，跟随我的手势一起唱。随后，我让学生看书并跟唱。最终，我会让学生聆听老师唱出的音符，并随意指定一位学生来复述。通过这样的练习，学生将逐渐养成良好的识谱习惯。

（三）培养思维习惯，深入探究事物的本质。在学习音乐知识的过程中，

要避免机械记忆，特别是对于唱名的认识，应当与阿拉伯数字相结合进行理解。引导学生将这些唱名（1、2、3、4、5、6、7）与生活中形状相似的物品联系起来，以加深记忆。对于更高级的音乐知识，如 3/4、3/8 拍号的理解，也应透彻理解其背后的原理，“知其所以然”。无论学习何种内容，都应追根溯源，提出疑问。保持强烈的好奇心，是激发学习兴趣的关键。只有这样，我们才能培养出思考的习惯，这对于知识的应用和创新都是极为有利的。

（四）培养联想思维的习惯。在音乐学习过程中，我们应当注重新旧知识之间的联系，并有意识地锻炼思维的流畅性、灵活性、创造性和开放性。通过这种方式，可以显著提升个人的思维能力。例如，在学习特定节奏时，为了帮助学生迅速掌握这一知识点，教师应鼓励学生将所学节奏与日常生活中的节奏相联系。为了进一步巩固节奏的熟练度，可以让学生尝试用这种节奏念出一句话并伴随拍手动作，这正是思维创造性的体现。

三、养成大胆表演的习惯

音乐这门学科特别强调学生上台表演的能力。这不仅是为了锻炼学生的勇气，也是由学科本身的性质决定的。如果学生缺乏勇气，他们可能不敢大声歌唱，自然也就难以勇敢地站上舞台进行表演。因此，在音乐课的长期教学过程中，教师应定期给予学生上台展示的机会，以增强他们在台上的表演能力。这样的练习不仅有助于学生克服胆怯，还能培养他们的自信。我们可以从低年级开始就鼓励学生大胆练习表演，习惯成自然，他们将不再感到畏惧。作为一名年轻的教师，若想不断进步，平日里必须勤于学习、勇于探索、不断反思。

以实为要　让教育真正发生

唐县六一小学　甄蔚娟

弹指一挥，我在六一小学任教已有十一年。在这期间，无论我担任何种职务，始终坚守在教学一线。这一切，都源于我对教师职业的热爱、对教学工作的热情，以及对学生的深情。站在讲台上，凝视着那一张张纯真的面孔，目睹他们眼中对知识的渴求，我常常自问：教育的本质究竟是什么？

随着第二届培养良好习惯交流会的圆满落幕，这个问题的答案在我脑海中变得愈发清晰。我坚信：教育的内涵远不止知识的传授，更关键的是塑造人格，如道德品质、思维能力、创新精神、团队协作能力以及良好习惯的培养。这些方面对于学生的个人成长和整个社会的发展都具有至关重要的意义。

一、教育要培养学生的各种能力

我是一名数学教师，可能大多数人会认为，数学课不就是教会学生怎么做题就可以了吗？可事实并非如此。作为一名优秀的数学教师，我们的职责不仅仅是向学生传授知识，更重要的是教会他们如何学习，即培养他们的学习能力。虽然短期内可能看不到显著的效果，但我坚信，经过一段时间的培养，一旦他们掌握了学习的能力，他们将在未来的学习道路上自我驱动，不断进步。

数学学习是一个极具系统性和规律性的过程。教师在课堂上有意识地向学生传授这种系统性和规律性，可以使学生的学习变得更加轻松。以我们刚刚完成的六年级课程“圆”为例，这一单元是小学阶段平面图形学习的最后一个主题。在学习其他平面图形时，我们首先认识它们的特征，然后基于这些认识，研究它们的周长和面积。在探究平行四边形、三角形、梯形的面积公式时，我们使用了转化的方法。圆的学习也遵循同样的逻辑，简单的一句话却能为学生拨开迷雾，让他们豁然开朗，激发他们的学习兴趣。学生们在课堂上特别积极和活跃，这不正是我们老师所期望看到的吗？通过内在的激发，培养他们善于思考的习惯，我们只需想办法让他们发现学习原来是一件如此有趣的事情。

教育不仅要培养学生的学习能力，还要塑造学生的人格，帮助他们养成良好的习惯。正如魏书生老师说的那样，教育是养成良好的习惯，行为养成习惯，习惯决定品质，品质决定命运。

二、教育要给学生展示自我的舞台

我们学校推行的“快乐课堂”教学改革正是遵循教育规律、遵循学生认知规律、启迪学生智慧的成功做法。我们坚持课前展示，确保每位学生都有机会上台展示自己，这不仅显著提升了学生的自信心，还锻炼了他们的表达能力。在课堂上，我们认真推进教学改革，从重视结果转向重视过程和方法，并充分利用小组合作学习，坚持发挥学生的主体作用，唤醒他们的表现欲望。我们引导学生观察、实践、合作、探究和交流，使学习成为一种乐趣而非负担，从而激发他们的学习兴趣，确保学生的主体地位得到落实。我们以“学”为中心，遵循学习的内在规律，培养学生良好的学习习惯，将传统的“教堂”转变为充满活力的“学堂”，从而显著提高了课堂效率。

三、教育要真正走进学生的心灵

教育是一门艺术，唯有深入学生内心世界的教育，才能称之为真正的教育。爱是教育的原动力，教师充满关爱的眼神能给学生带来温暖和阳光。在对待学生时，教师应当刚柔并济，既要及时地进行批评，也要适时地给予鼓励。

我在接管六（11）班之初，便从其他教师那里得知了轩轩的情况。当周围人都在议论“这个孩子似乎无药可救，不如放弃他”的时候，我却暗自下定决心，要用我的关爱去挽救他。在第一节数学课上，我很快就注意到了这个特别的孩子。他上课甚至不拿出书本，只是趴在桌上睡觉，对学习似乎毫无兴趣。从那时起，我开始频繁地利用课间休息时间与他交流。渐渐地，他开始接受我，不再回避，也愿意向我倾诉心声。在随后的每一节数学课上，我总是鼓励他回答一些基础问题。每当他回答正确时，我便及时地竖起大拇指表扬他，以此增强他的信心。课后，我也尽可能地抽出时间来辅导他，不断地给予他鼓励。随着时间的推移，他开始对数学课产生了兴趣。尽管目前他的学习依旧困难，但我总能看到他努力的身影。他的脸上也逐渐展现出了孩子应有的笑容。有句话说得好："老师无意间的一句话，可能创造一个奇迹；老师不经意的一个眼神，或许会毁掉一个人才。"老师日常的行为可能对学生的一生产生深远的影响。我们要用自己博大的爱心去温暖每一个学生。

教育无小事，每一个细节都蕴含着教育的契机。作为教师，我们只有将教育工作做实做细，将对教育事业的热爱与对学生的热爱相结合，才能称得上是一个完美的教师。只有这样，我们才能真正理解和读懂学生，让教育真正发生。让我们不忘初心，砥砺前行，成为"有文化的教育"的践行者。

好习惯　好人生

唐县启明中学　赵　娟

“好习惯是开启成功的钥匙，坏习惯则是一扇向失败敞开的门。”每每读到奥格·曼狄诺的这句名言，我总觉得特别有道理。

古人云：“山蕴玉而生辉，水含珠而川媚。”拥有良好的习惯，能够成就非凡的人生，让人终身受益。的确，良好的习惯是人一生中持续的财富。接下来，我将从三个方面分享我的看法。

一、遇事不慌的好习惯使我的生活和工作更有条理

我曾多次经历这样的困境。在工作期间，当我正忙于一项任务时，领导突然又指派了新的工作，这让我一时乱了阵脚，不知如何应对。下班回家后，尽管已经精疲力尽，却还有许多家务等待处理。在做家务的过程中，孩子又在一旁调皮捣蛋，导致各种状况频发。就这样，我每天都在忙碌与混乱中度过，感到力不从心，甚至有时会感到极度烦躁，想要发泄情绪。

后来我偶然读到一句话：“做事情就要按部就班，循序渐进，不要慌，不要操之过急，否则往往做不好。”我认真反思了自己平时做事的方式，原来是没有安排好自己的工作和生活，做事总是不专注，导致什么都没做好。

在意识到自身的问题之后，我开始避免盲目地忙碌，转而静下心来仔细分析，并调整了我的工作方法。我根据工作量合理地分配时间，并根据事情的紧急程度和重要性进行规划。

改变工作方式后，我感到整个人都轻松了许多。尽管工作量并未减少，但我的工作进度却加快了许多，合适的节奏也让我感到非常充实。越是忙碌，

越需要稳定心态。只有厘清事情的脉络，才能逐步解决问题。

二、早起的好习惯使我的生活更加幸福

人们常说，能够掌控早晨的人，也能够掌控自己的人生。早起的鸟儿有虫吃，生活因此更加丰富多彩。我要感谢我工作中的一个环节——“早读”。每天六点十五分早读准时开始，这意味着我必须在五点半洗漱完毕，以便提前做好准备，确保能够准时为学生们上早读课。

工作塑造了我规律而从容的生活方式，让我对人生的态度更加平和。坚持早起已经成为我一个值得骄傲的好习惯。即便没有早读安排，我依然坚持早起，进行身体锻炼，并为家人准备早餐。慢慢地，我的身体越来越好，孩子上学也从未迟到，家庭氛围变得更加和谐，生活也愈发幸福。

三、闲时不费的好习惯使我更有成就感

我看到过一句话：“生活可以匆忙，但不要慌乱；日子可以清闲，但不能荒废。生活有忙有闲，日子张弛有度，才是最理想的生活状态。”

记得几年前，我利用课间十分钟的宝贵时间向音乐老师学习吹奏葫芦丝。虽然我没有音乐基础，但每一节课间，我都会坚持练习。慢慢地，我掌握了多首简单的曲目，并且乐于在同学们面前展示。通过这件事，我也让同学们认识到，充分利用闲暇时间学习，往往能带来意想不到的成果。

在家中，我鼓励女儿利用空闲时间练习书法，每天坚持书写一幅作品。至今，她已经坚持了近三个年头，书法水平已达到七级，甚至超越了许多练习五六年书法的同龄人。她对此感到非常自豪。

无论是在工作上还是在生活上，我都在闲暇时体会到了成就感。

播下一种行为，收获一种习惯；播下一种习惯，收获一种性格；播种一种性格，收获一种命运。让我们共同养成良好习惯，从而受益终身。

培养良好习惯　塑造精彩人生

唐县启明中学　韩　帆

初秋景色美如画，庆都山下聚名家。第二届良好习惯养成交流会及教育创新发展论坛在唐尧的故乡——河北诺亚集团成功举办，众多教育界名家齐聚唐县，为当地的教育事业贡献智慧和经验。作为河北诺亚集团旗下启明中学的一名教师，我深感荣幸能参与此次盛会，并从中获得了丰富的知识。其中，魏书生老师的演讲给我留下了深刻的印象。他强调良好习惯的养成对个人的发展具有深远的影响。

魏老师说："广大教师要剔除懈怠心、懒惰心，循序渐进，不断浇灌自己的初心。"清晰地记得，在八年级新学期的初始月，工作接踵而至，无休止的教学任务和班级事务让我感到筋疲力尽，甚至产生了放弃的念头。然而，在聆听魏老师的讲座后，我重新找回了最初的动力，重燃了投身教育事业的热情。作为基层青年教师，我们应始终保持对教育的初心，永远以积极的态度面对工作。

作为班主任，每日清晨检查学生的出勤情况已成为我的日常。然而，这一任务曾让我备感困扰。自幼患有严重拖延症的我，总要等到最后关头才开始行动，这不仅打乱了我的工作节奏，也影响了我的生活。因此，我意识到必须摆脱拖延症，培养良好习惯。我为自己制定了一个详尽的每日时间规划表，确保每项任务在前一晚就已规划妥当，并在第二天严格执行。坚持这一计划的头一周异常艰难，几乎令人崩溃，但是一想到魏老师曾说过："好习惯的养成在初始阶段肯定是困难的，但是只要坚持下去，你就会看见光明且绚烂的未来。"因此，我告诫自己，必须坚持不懈，绝不轻言放弃。度过最初的七天后，我惊喜地发现，自己能够轻松地遵循这个计划，并且在完成每项任务时都能游刃有余。如今，早起检查出勤对我来说已不再是令人痛苦的事情，生活与工作的节奏达到了完美的平衡，我每天都充满了活力！

培养好习惯，是塑造精彩人生的关键。良好的习惯不仅使个人受益，还能激励周围的人。作为一名教师，我深知自己的影响力。自从我开始每日制订并严格执行计划表，我注意到我的学生也开始效仿我。学生们具有很强的模仿性，他们的榜样通常是身边的老师。因此，当我开始制订计划表并坚持执行后，我发现班中许多学生也开始模仿我，他们也开始在便笺纸上列出自己的学习计划。不仅如此，这些孩子还对计划表进行了创新。他们还对自己的计划完成情况进行自我评价：完成一项计划，就在后面画上一个笑脸，以示鼓励；未完成，则画一个哭脸，提醒自己下次要更加努力。随着时间的推移，学生的学习氛围悄然发生了变化。最初只有少数学生制订计划，而现在，大多数学生都开始制订学习计划表，包括每日、周、月乃至学期计划。他们的学习积极性显著提高，每个学生都充满斗志，脸上洋溢着自信的笑容。课堂上，他们积极回答问题、参与讨论；课下，同学间的学习交流也日益频繁。孩子们变得更加阳光开朗，班中曾经懒散的学习氛围已不复存在，整体学习水平稳步提升。这一切，都是良好习惯带来的积极影响。因此，无论是对教师还是对学生而言，培养不拖延、今日事今日毕的好习惯都至关重要。

培养善于发现他人优点的习惯，完善个人品格，成为一位卓越的教师。在报告会上，魏书生老师与我们分享了他教育生涯中的一个小故事。他曾被指派教一个成绩较差的班和一个成绩优异的班。魏老师要求学生们写下自己的 20 个优点。一位成绩优异的学生自豪地对魏书生老师说："老师，我学习好，我考了第一。"魏老师略带生气地回应："即便是全校第一、全国第一，你也必须继续努力学习，因为学习是永无止境的。"那位学生听后，显得有些羞愧。而一个成绩较差的学生则对魏书生老师说："老师，我学习成绩不好，没有优点。"魏老师回答说："你在学校没有逃课，上课也没有睡觉，这难道不算是优点吗？"因此，我们应当学会观察，即使学生学习成绩不佳，品质也可以是优秀的。

作为教师，我们更应该观察每一位学生，善于发现他们的优点和长处，帮助他们正确认识自己，增强自信和魅力，引导他们迈向美好的未来。

良好习惯的养成体现在生活的方方面面、时时刻刻。“培养良好习惯，塑造精彩人生”，这绝非一句空洞的口号，我们需要以严肃认真的态度、充满敬畏的心态，帮助自己和学生培养良好的习惯。与此同时，我们还应在平凡的教师岗位上发挥自己的光和热，将良好的习惯充分融入教学工作之中，在平凡的岗位上创造非凡的成就，引领学生一同迈向更加广阔而美好的未来。

好习惯铸就好人生

唐县启明中学　韩天阳

当代教育家魏书生曾经说过：“行为养成习惯，习惯形成性格，性格决定命运。”它向人们揭示了一个深刻的道理，好习惯的养成将会使人受益终身。有人打比方说：好习惯好比存在银行里的定期存款，让人可以不断享受利息。一个拥有良好习惯的人，无论走到哪里都会受到欢迎，赢得他人的尊敬。

作为一位初中历史老师，我常常提醒我的学生们，良好的习惯是他们走向成功的关键。

我们班上的一名学生，她记忆力超群，总能在历史学科上取得优异的成绩。然而，她有一个不太好的习惯，那就是在历史课上，她几乎从不记课堂笔记。

第一次发现这个问题时，我并没有太在意。毕竟，对于像她这样出色的学生而言，不记笔记似乎并不妨碍她对知识的掌握。然而，随着所学知识的增多，我意识到必须引导她养成良好的习惯。然而，每当我提醒她做好笔记的时候，她总是满不在乎地回答：“我只要认真听课，就能够掌握好历史知识，不需要记笔记，不用担心！”无论是从她的语言还是表情，我都能够感受到她的满不在乎。

作为她的历史老师，我明白，她的这种行为源于她的自信和傲慢。她对自己的记忆力有着极高的信心，认为自己不需要记笔记就能学好历史。虽然“恃才傲物”这个成语可能有些言过其实，但在某种程度上，它确实反映了她的当前状态。

我深知这种态度对她而言并无益处。无论从哪个学科的角度来看，不记课堂笔记终究是一个严重的隐患。这不仅对课堂知识的掌握不利，对课后复习同样有害。因此，我决定采取一些措施来纠正她这个问题。在一次历史课上，我故意全程忽略她的存在。尽管她积极举手，甚至只有她一个人举手发言，我也没有让她回答。对于我这样的课堂对待方式，她显然感到困惑和不知所措。这种情况，她大概从来没有遇到过。

下课后，她来到我的办公室，问我为什么忽视她。我借此机会告诉她："你天资聪慧，记忆力出众，这是你的优点。但同时，你也应该看到自己的不足。记课堂笔记不论是从帮助记忆、整理知识方面来说，还是从提高效率等角度来说，都是非常重要的。老师希望你能够明白这个道理，养成在课堂上记笔记的习惯，使你能够一如既往地优秀下去。"她听了我的话后陷入了沉思。我能看出她已经在内心深处认识到了自己的问题。此后，她每次上课都会认真地做好笔记。看到她的改变，我感到非常欣慰。

通过这个故事，我想告诉所有的学生们：良好的习惯是走向成功的关键。无论我们多么聪明，如果不能养成好习惯，就无法充分发挥自己的潜力。只有通过不断学习和努力，养成良好习惯，我们才能成为真正优秀的人。

良好的习惯不仅对于个人的成功至关重要，对于一个班级、一个学校乃至一个社会来说也同样重要。正如一位名人所说："一滴水可以折射出太阳的光辉。"一个班的班风、学风建设需要良好的习惯来推动；一个学校的校风、教风建设需要良好的习惯来支撑；一个社会的文明程度、道德水平的提高也需要良好的习惯来促进。

因此，我们应该从自身做起，从现在做起，养成良好的习惯，为个人、为家庭、为班级、为学校、为社会做出自己的贡献。

"好习惯犹如指南针，指引我们走向成功的道路。"希望我们每个人都能养成良好的习惯，为自己的未来奠定坚实的基础！

用爱去培养习惯

唐县六一小学　张小谦

最近，在校领导的安排下，我们再次观看了魏书生老师的励志演讲视频。通过这次观看，我真切地感受到魏书生老师那哲学家的智慧、改革家的勇气以及未来学家的远见卓识。他那出神入化的教学艺术和民主科学的管理方法令人深感敬佩。我仿佛在聆听一位智者的内心独白，如品香茗，如饮醇醪。

魏书生老师倡导培养学生良好的学习习惯。著名教育家叶圣陶先生也曾说过："什么是教育？简单一句话，就是养成良好的习惯。"我非常赞同叶圣陶先生和魏老师的观点。在我看来，教育孩子就是用爱心去坚持不懈地培养孩子良好的习惯。

开学第一天，通过观察，我注意到我们班的孩子们在仪容仪表方面表现得非常整洁，对人礼貌周到。然而，他们也存在一些明显的不足，例如坐姿不端正、整理收纳能力有待加强。

我对孩子们说了这样一番话："一年 365 天，你们与老师共度的时光远超过与父母相伴的时刻。从今天起，你们就是我的孩子，我既是你们的父亲，也是你们的母亲，你们的事务就是我的事务，因此我将严格要求你们。"孩子们听后笑了。随后，我分析了他们的优点与不足，并强调了改善坐姿和培养整理收纳这两个习惯的重要性。

班上有个孩子名叫小浩，他的父母是勤劳朴实的农民。由于母亲身体不太好，父亲忙于维持家庭生计，因此对小浩的个人成长和家庭教育关注有限。平时小浩由奶奶照顾，但奶奶主要关心的是小浩的身体健康和饮食问题，在行为习惯的培养上则显得力不从心。开学之初，小浩的脸蛋常常脏兮兮的，衣服也总是沾满污渍。上课时，他总是坐不住，不停地东张西望，有时会突然站起来，或者随意离开座位；课间休息时，他会在校园里独自奔跑。在人际交往方面，小浩显得非常自我，脾气急躁，喜欢指挥他人，这使得同学们不愿意与他一起玩耍。通常的批评教育对他似乎不起作用：上一节课批评过，下一节课他就又忘记了。而当受到表扬时，他虽然会非常高兴，但这种情绪通常维持不了多久，很快他又开始做小动作。我向小浩的家长了解情况，家长反映，小浩在家里也是这样，他们认为这可能与他从小体弱多病有关，于是放松了对孩子的要求。

经过全面的分析，我认识到影响小浩成长的关键因素是小浩缺乏良好的行为习惯。为了改变这一状况，我特意安排了行为习惯良好的学生与他同桌，以便在小浩出现不当行为时，同桌能够及时给予提醒。我期望通过良好习惯潜移默化的影响，小浩能够改掉不良习惯。同时，我经常利用课后时间与小浩进行深入交流，鼓励他向同桌学习。此外，我还在班中提升小浩同桌的榜样地位，使全班同学都对小浩的同桌产生敬佩之情。通过这种激励方式，小浩的同桌变得更加负责任，每当看到小浩有不当行为时，他都会立刻制止。在同桌的帮助下，小浩犯错的频率显著降低，受到表扬的次数逐渐增多。我抓住这一时机，对小浩的进步给予肯定，并进一步激励他，让他担任了小组长。自那以后，小浩在学习上取得了显著的进步，笑容也常挂在他的脸上，同学们也愿意与他交朋友了。

小学阶段是个体成长的关键启蒙时期，对于个人习惯的养成至关重要。因此，我们必须从细节出发，将习惯培养融入学习和生活的方方面面。这需要持之以恒的努力，正如水滴石穿般，日积月累，方能实现习惯的内化于心和外化于行。

我始终坚信坚持的力量，笃信爱的信念。即便今日面对的是微不足道的小事，只要持续不懈，且有爱的陪伴，孩子们定能培养出良好的行为习惯。

一不做，二不休，持之以恒

唐县启明中学　尤云叶

魏书生先生第二次莅临唐县，参加培养良好习惯的交流盛会，我亦有幸再次与他相见。他是一位神采奕奕的长者。尽管称其为长者，魏先生身上却丝毫不见老态，年过七旬却依旧腰背挺直、步伐稳健、精神矍铄。

魏先生强调，“学习与选择将伴随我们一生”，我们要“一不做，二不休，持之以恒”。

其实，持之以恒即良好的习惯。任何事情，只要坚持不懈地去做，终将取得成就。八（6）班有名李同学，在一堂课上他写错了单词，我指出了他的错误，他却把书一扔，坐回了座位。我愣了一下，问道：“这是什么意思?”他没有回答。我让其他同学继续背单词，自己则走到他桌前，蹲下来对他说：“同样的问题我已经提醒过你不止三次了吧?”他看了我一眼，没说话。“这么多次我都没有说你，你一而再再而三地犯错，甚至还发脾气，是不是有点过分?”他不好意思地笑了，然后站起来向我鞠了一躬，说：“对不起，老师。”我说：“别来那套，认真学比啥都强!”他笑着点头，说：“好的。”

随后我注意到，他在课堂上表现得特别专注，无论是做题、写单词，还是完成其他各项任务，他都积极参与且态度认真。他不仅自己努力，还激励同桌一起进步，并且耐心地为同桌讲题。这种积极性并非一时兴起，而是持续了一个月。从第一次月考到期中考试，他的英语成绩从 99 分提高到了 107 分，年级排名也从第 187 名上升到了第 178 名。他的同桌在英语学科上也取得了显著进步，成绩从 84 分提升至 97 分，年级排名从第 421 名跃升至第 387 名。他们的进步不仅限于英语，其他科目也都有所提升。直至今日，他依然保持着这种勤奋学习的态度。

坚持认真学习这一良好习惯，李同学必将收获进步的果实。若李同学能够持之以恒直至中考，无疑将取得优异的成绩；若能坚持至高考，定能踏入一所优秀的大学；若能继续坚持至职场，必将拥有一个光明的未来！

英国作家王尔德说过：“起先是我们造就习惯，后来是习惯造就我们。”的确，积千累万，不如养个好习惯。让我们从现在开始，从小事做起。

默多克说：“人不能决定命运。人决定习惯，习惯决定命运。”习惯的力量是巨大的，好习惯是成功的关键。播下思想，成就行为；播下行为，成就习惯；播下习惯，成就性格；播下性格，成就命运。

好习惯助推孩子成长

唐县六一小学　窦会娜

常言道："播下行为，收获习惯；播下习惯，收获人生。"良好的习惯能够让我们终身受益。正如俗语所说："习惯成自然。"习惯一旦形成，人们便能在无须深思熟虑的情况下，自然而然地做出相应的行为，仿佛那是与生俱来的一般。

良好的习惯能够减少我们的思考时间，简化行动流程，从而提高工作和学习的效率。虽然习惯看似微不足道，但它对我们的影响却是深远的。习惯仿佛是我们身上的指南针，主导着我们的人生方向。若想拥有一个精彩纷呈的人生，培养良好的习惯至关重要。

作为小学教师，培养孩子们良好的学习和生活习惯是我们责无旁贷的使命，也是我们职责中至关重要的一环。这个年龄段的孩子们正处在人生的起始阶段，具有极高的可塑性。然而，他们也经常表现出自控力不足、易叛逆等特点。这一时期是养成良好习惯的关键时刻，同样也是沾染不良习惯的高风险期。面对这样的情况，我们应当引导并协助他们培养良好的习惯，纠正不良习惯，从而避免给他们的未来成长留下难以弥补的遗憾。

首先，助力孩子们培养良好习惯，关键在于妥善应对他们的逆反心理。逆反心理一旦在学生心中萌生，他们便容易滋生极端思想，进而沾染不良习惯。面对学生的错误，我们不应一味指责，而应耐心引导、顺势而为，寻找易于学生接受的方法来纠正错误。频繁地斥责只会加剧学生的逆反情绪。通过参与论坛学习，我更深刻地认识到，对待学生的错误需要策略，更需刚柔并济。我了解到魏书生老师在面对学生犯错时常用的一种方法是让学生撰写一份反映犯错时心理活动的说明书。这份说明书包含三部分，每部分都展示了两种思想的争辩：第一部分描绘了犯错前两种思想的争论；第二部分展现了犯错时两种思想的冲突；第三部分则反映了犯错后两种思想的反思。学生在撰写时需深入自我，观察、分析并发现内心的两个不同自我。这相当于在内心深处重新审视了整个事件，自我分析了利弊，从而在心中形成了正确的判断。

昨日，班上的张同学与李同学因值日问题发生争执，甚至动手。我一改往日的处理方式，转而要求他们写一份说明书，并说明了格式要求。从他们的反应来看，这种做法显然出乎他们的意料——以往他们犯错时，我总是直接严厉批评。阅读他们提交的说明书后，我感到十分惊喜。他们坦诚地表达了内心的想法，深刻地意识到了自己的错误，并主动向对方道歉，关系恢复如初。若沿用往常的处理方式，孩子们可能仅在当下相互致歉，内心却仍旧不服。通过这一简单的方法，我成功化解了学生的逆反心理。这也启示我们，在教学过程中，应真正深入学生的内心，理解他们的心理，释放他们的天性。

其次，作为教育者，助力孩子们培养良好的习惯，必须深刻理解无声教育的价值。“随风潜入夜，润物细无声。”教师应以身作则，成为示范。你期望学生成为何种人，首先自己必须成为那样的人。若想让学生养成好习惯，教师必须先养成好习惯。老师应成为孩子的榜样，时时刻刻严格要求自己：“育人先做人，正人先正己。”孩子们具有极强的可塑性和模仿能力，他们最直接的模仿对象便是老师。他们对老师的言行观察入微，感受深刻，并且不加筛选地相信并模仿老师的言行。我们常听到孩子们为自己的行为辩解时会说：“老师就是这么说的，或者老师就是这么做的。”这无疑对老师的言行提出了更高的要求。因此，我们必须从自身做起，严于律己。例如，在餐厅与学生共餐时，若发现一把勺子掉在地上，教师应主动弯腰捡起，放到餐具回收处。这样，当同学们看到自己脚下或周围有勺子或其他物品掉落时，便会自觉地捡起，并把它们放回原位。老师希望学生做到的事，自己应先做到，师生共同参与、共同学习和进步。这不仅能够彰显榜样的力量，更能促进班级民主、平等氛围的形成，迅速帮助孩子养成良好习惯，激励他们向更优秀的人看齐。

最后，我想告诫自己：坚持不懈地履行班主任职责，全心全意地对待每一位学生，助力每个孩子成为更优秀的自己。昨日的习惯塑造了今天的我们；今日的习惯将决定明天的我们。然而，正如古人所言："冰冻三尺，非一日之寒。"无论是培养良好的习惯还是摒弃不良的习惯，都不可能一蹴而就，因此我们不能期望轻易就能完成。这需要我们具备坚韧不拔的毅力，并能够持之以恒。与其期待人生在短时间内发生翻天覆地的变化，不如从现在开始，一点一滴地培养良好的习惯，每天进步一点点，逐渐成为更优秀的自己。让我们从现在开始行动，从今天开始，培养良好的行为习惯，努力成为一名优秀的小学生，共同创造一个更加美好的未来！

用仁爱之心播撒希望

唐县六一小学　孙丽丽

第二届培养良好习惯交流会暨教育创新发展论坛，不仅增强了我对教育的使命感和责任感，更让我领悟到了一些有益于教育教学的方法与智慧，真可谓是一次心灵的洗礼。所有的教育专家，他们心中都怀揣着大爱，全心致力于教育事业。在学习和工作中，有专家的引领和学习伙伴的互助，是多么幸运的一件事啊！

教育的根本任务是立德树人。我们要把立德放在首位，而非单纯追求分数。教师应通过恰当的引导，帮助学生树立正确的价值观。每个人的潜力都是无限的。教师的任务之一就是要最大限度地挖掘学生的潜能，让每一位学生的能力都发挥到极致。

我们需要与学生建立一种民主平等的关系，信任每一位学生，并积极发掘他们身上的优点。我期望能够关心并理解每一位学生，尊重他们的个性和需求，帮助他们克服学习和生活中的困难。作为一名班主任，面对这些纯真可爱、充满好奇但又缺乏经验的孩子们，我们应该如何潜移默化地影响他们呢？

我们应当在日常生活中主动与学生互动，向他们提出问题，并寻找机会与他们进行深入的交流，与他们建立友谊，给予他们情感支持，以赢得学生的喜爱和尊敬，从而消除他们对学习的恐惧。当我们真正与学生成为朋友时，我们会发现，每个学生都有其独特、可爱之处。在教学过程中，我们可以通过自己的言辞、行为和表情向学生传递亲切、信任和尊重的情感信息。在孩子们成长的道路上，如果每一个小小的进步都能得到真诚的鼓励，那么他们在未来的人生旅途中将充满自信和力量。

我们班有个叫佳佳的女生，记得她第一天来报到时，家长便向我反映孩子存在一些不良习惯。起初，我没有特别注意，但随着课程的正式开始，我确实注意到了她身上的一些问题。佳佳在课堂上常常分心，经常与邻座同学说话，而且手中总是玩弄着尺子和橡皮，作业也经常无法按时完成。

实际上，她是个聪明伶俐的孩子，只是有些不良的行为习惯。她本不应如此，我决定要用赏识的眼光看待佳佳，并用我的关爱去帮助和感化她。在课堂上，我会特别提到佳佳的名字，并称赞她："看佳佳同学坐得多么端正，听得多么认真。"起初，她感到非常惊讶，明明自己在做小动作，老师却还在表扬她。尽管如此，她还是红着脸停止了小动作，坐得笔直。久而久之，她逐渐自觉地养成了认真听讲的好习惯。我心里暗自高兴，这种方法比批评有效得多，而且还能维护良好的师生关系。魏书生老师说："不要揭学生的短处，这样会增强他们的抵抗力。要找到他们的长处，不断软化他，让他越来越失去抵抗力，自动败下阵来。"我从这句话中受到启发，针对她缺乏积极性的特点，主动向她提问，并与她一同参与课堂练习，耐心地引导她。此外，每当她取得微小的进步时，我都会及时给予肯定和表扬。为了帮助她迅速提升学习成绩，我为她提供了课前的特别辅导，并让她在课堂上回答一些基础问题，以此增强她的成就感。课后，我会仔细批改她的作业，并在作业本上及时肯定她的进步。班级中的事务，我也让班长邀请她一同参与，让她感受到老师的关注。我还充分利用班集体和班干部的力量，组织几位同学帮助她，与她一起游戏，一起完成作业，让她感受到同学们对她的信任，感受到同学们是她的良师益友。实际上，许多看似不起眼的小事，足以改变一个孩子的行为、性格和处事方法。长此以往，你将会看到一个心中有爱、眼中有光、乐观向上的孩子。

经过一段时间的努力，佳佳在我的热情鼓励下，成绩逐渐提升，学习兴趣也日益浓厚。她的自信心不断增强，不仅在课堂上积极举手、大声回答问题，甚至在课后也会主动帮助其他同学解决疑惑。在这次期中测评中，她的表现出乎所有人的意料，达到了优秀水平。我亲自为她颁发了我之前承诺的奖牌，班上的同学们不约而同地为她热烈鼓掌。看着站在讲台上佩戴奖牌的佳佳，在那一刻，我深刻体会到了魏书生老师所说的“教师的职责是什么？就是找到适合学生的阶梯”。此时此刻，我比学生本人更感到自豪。魏老师的这句话我将铭记于心，它将成为我教学之路上的永恒动力和指引。

我们必须以仁爱之心，播撒祖国未来的希望。简而言之，孩子们是明日的希望，而教师正是培养希望的使命者。他们的成就，亦是我们的成就，因为这些成就汇聚了我们辛勤付出的汗水。在教育这条道路上，我们任重而道远。我将不懈努力，持续提升自我，与大家携手并肩，默默耕耘，共同为明天的辉煌贡献力量。

好习惯成就好人生

唐县启明中学　赵亚欣

“播下一个行动，收获一种习惯；播下一种习惯，收获一种性格；播下一种性格，收获一种命运。”这是美国心理学家威廉·詹姆斯对习惯的经典诠释。没错，养成一个好习惯将终身受益。

确实，一旦个人培养出良好的习惯，其人格魅力便会自然而然地得到提升。实际上，习惯在我们不知不觉的成长过程中，经年累月地影响着我们的品德，决定着我们的成败。

首先，作为教师，我们不妨培养一些良好的习惯。例如，习惯于在工作日常中完成对工作的总结；习惯于每天坚持锻炼，塑造健美的体魄；习惯于理解和宽容，从而化解冲突；习惯于提前备课和课后反思，以形成高效的教学方法。当然，我们更应该习惯于用爱心面对学生，升华我们的人性。唯有通过行动，才能让“习惯成自然”。

在十几年的教学生涯中，我已养成以爱心对待每一名学生的习惯。面对学习困难的学生，我总是采用灵活而委婉的方式去教育、鼓励他们，将温暖的师爱倾注给他们。这样，那些稍显迟缓的“花朵”也能享受到阳光和雨露的滋养，从而健康地成长。这种方法不仅保护了学生的自尊心，还促进了师生之间的情感交流，在转化问题学生的过程中实现了事半功倍的效果。

我清晰地记得 2023 届九（9）班的王同学。他是班里典型的调皮学生，不仅英语基础薄弱，而且在课堂上不是打瞌睡就是分心。面对他的状况，我从“望、闻、问、切”四个方面对他进行了全面的诊断。所谓“望”，即观察。通过日常的细致观察，我发现了王同学的“亮点”，并帮助他建立了自信。"闻"，即倾听。我不仅听取了任课老师的评价，还深入班级了解其他同学对他的看法，并且耐心倾听他本人的真实想法。"问"，即询问。我既向老师和同学询问，也向家长了解情况；既询问他的过去，也关注他的现在；既关心他的学习，也关心他的生活…… "切"，即根据王同学的具体情况，将他在学习和生活中的表现进行详细分类记录，并建立个人档案，以便采取有针对性的措施。

常言说："亲其师，则信其道。"谁不愿意与一个关爱自己的老师共处呢？又有谁不渴望得到他人的尊重和认同？特别是学生，他们更需要爱的阳光和雨露的滋养。经过一段时间的爱心关怀和耐心陪伴，王同学从最初上课时昏昏欲睡，到后来成为课堂上的积极分子；英语成绩也由原来的五十几分，提升到中考时的八十多分，真正实现了质的飞跃。

正是因为我培养了用爱心和真情对待每一位学生的良好习惯，将关爱注入孩子们的心田，才用这把永不生锈的"钥匙"打开一个个孩子的心灵之门。

其次，作为一名英语老师，为了让学生在英语方面取得优异的成绩，我经常从习惯养成方面对他们进行引导。

第一，培养学生根据发音规律记单词的习惯。初中教师在教学过程中应教授记忆单词的策略，确保每位学生掌握元音字母在开音节和闭音节中的发音规则、字母组合的发音规律以及音节的正确划分，从而培养学生按照发音规律记忆单词的良好习惯。

第二，培养学生积极互动、勇于表达和提问的习惯。进入中学后，部分学生由于羞涩或担心犯错的心理，不愿意发言。对此，我鼓励学生们，学习外语需要勇于面对挑战，不惧犯错，积极参与课堂讨论，并大胆提出问题。这样不仅能够增加语言实践的机会，还能迅速提升语言能力。

第三，培养学生课前预习、课堂上认真记笔记、课后及时整理笔记的习惯。我经常有意识地让学生课前预习，引导他们发现问题；课堂上认真听课，仔细记笔记，积极思考、参与讨论；课后整理笔记，及时复习，巩固所学知识。中学生普遍缺乏自主学习的能力，过于依赖老师，培养他们预习和整理笔记的习惯，可以激励他们更加积极主动地学习，提高学习效率。

第四，培养学生每天自觉听、读、背、说英语的习惯。为了培养良好的英语语感，必须加强听、读、说的练习。建议每天至少投入半小时时间进行英语的阅读和背诵。

正是这些良好学习习惯的培养，使得许多学生在英语成绩上一次又一次地取得了显著的进步。

“好习惯是开启成功的钥匙。”每读到这句名言，我总觉得十分有道理。

“起先是我们造成习惯，后来是习惯造成我们。好习惯引领我们走向成功之顶，坏习惯则带我们走向堕落之涯。”拥有好习惯，我们才能走得更远。祝愿我们每个人都能养成好习惯，成就好人生。

养成好习惯，遇见更好的自己

唐县启明高级中学　赵曼瑶

良好的习惯一旦养成，将终身受益；相反，不良的习惯一旦形成，将终身受损。习惯虽小，却能在潜移默化中影响我们的生活，甚至左右我们的命运。

培养良好习惯的初期往往伴随着痛苦，然而，只要持之以恒，积极的结果就会逐渐显现。最终，你将体验到成就感、内心的充实以及命运的改善。不妨让我们从改变个人的小习惯开始。如果你经常表情严肃，那么逐渐学会微笑，不久你就会意识到微笑带来的好处。随着时间的推移，微笑将成为你的常态，而这样的微小改变已经在悄然改变你的命运。

自大学毕业后，我便加入了启明这个大家庭。在王建刚董事长的引领下，我学到了许多宝贵的经验。他致力于强化教学工作，为师生的共同成长提供了坚实的支持。他始终认为教学质量是学生的生命线，并将抓好教学工作视为工作的核心；他坚持推行“健康教育、幸福教育、特色教育、智慧教育”，确保学生的身体健康，并帮助他们培养良好的健康习惯；他还注重学生的高质量发展，激励他们形成入室即静、入座即学的良好行为。

作为一名新教师，由于缺乏管理经验，我时常遇到学生在课堂上违纪的情况：上课睡觉、迟到、旷课，甚至直接顶撞老师。面对这些情况，我感到非常生气，甚至一度想要采取激烈手段以求一时之快。然而，我最终还是克制住了自己。我深知，对待学生需要一颗善良和仁慈的心，需要耐心和爱心，要用自己的温暖去感化他们冷漠的心。令我感到欣慰的是，在爱与宽容的培育下，我的课堂上少了一分喧闹，多了一分认真。虽然我们无法决定生活中会遇到什么样的人和事，但我们可以决定以怎样的心态去面对。养成不因一时冲动而生气的习惯，不仅能避免造成无法挽回的后果，还能更有效地解决问题。

我经常对所教班的成绩感到困惑。尽管我投入了大量精力，结果却往往不尽如人意。我开始反思自己，是否在某些方面做得不够好，或者我的教学方法是否有所偏差。经过深入的自我审视，我终于意识到，问题在于我对学生过于宽容，管理上过于松懈。于是，我开始向经验丰富的老师学习管理技巧。如今，我班学生的成绩已经明显提高。在人生旅途中，我们会遇到无数问题。总是责怪他人，不仅不能有效解决问题，反而会让自己陷入无尽的抱怨中。一个经常自我反省的人，能够不断发现自身的不足，并因此取得进步。养成从自身寻找问题的习惯，是通往成功之路的关键。

众所周知，一日之计在于晨。作为一位语文教师，我深知早晨时光的宝贵。我校的早读活动是学生提升自我的良方。然而，早起并非易事，尤其是在寒冷的冬晨，温暖的被窝极具诱惑力。尽管如此，学生们依然能够坚持早起，从不迟到。早读时，那琅琅书声不仅会激励自己，也会鼓舞他人。这是我们学校培养出的良好习惯，它将伴随孩子们一生。每天早读前的班主任小班会，更会激发学生一天的斗志。这不仅是个人的好习惯，也是我们学校的优良传统。

在执教的这段时间中，我发现许多学生有做事拖延的毛病。当我让学生背诵语文课文或完成某项作业时，他们往往拖延数节课都无法完成。这促使我深入思考如何提升学生的背诵效率。经过反复思考，我发现培养早读时专注背诵的习惯至关重要。今日事，今日毕，当天学习的内容应当当天消化。对于难以掌握的文言文，应在本周内彻底理解。制订合理的背诵计划将带来巨大的益处。

在学习之余，我们应当多参加体育活动。运动不仅有助于身体健康，还能增强我们的体质，并且对心理健康也有积极的影响。我校学生每日坚持晚操，晚操后分享经验已成为操场上一道独特的风景。养成经常运动的习惯，并持之以恒，你将会遇见一个全新的自己。

“玉不琢，不成器。”正如这句古语所言，学生需要经过雕琢和约束，才能成就卓越。优秀并非一时的行为，而是一种日积月累的习惯。良好的习惯会对一个人的生活产生深远影响，并能够拉开人与人之间的差距。虽然习惯看似微不足道，但持之以恒，它将塑造我们的生活。愿我们都能养成良好的习惯，遇见更美好的自己，让生活日益美好。我坚信，在学校不断培养和强化良好习惯的过程中，我们定能不断进步，变得越来越好！

习惯决定人生成败

唐县启明中学　李　姗

习惯是一种顽强而巨大的力量，它可以主宰人生。

——题记

什么是习惯？习惯是个人行为累积后形成的固定行为模式，是人们日常生活中习以为常的行为举止，也是决定人生成功与否的关键因素。那么，如何培养一个好习惯呢？关键在于持之以恒。随着重复次数的增加，我们将逐渐记住并内化这些行为，最终习惯得以养成。

我们深知习惯的力量，培养良好的习惯等同于积累能量。培根曾言："习惯是一种顽强而巨大的力量，它可以主宰人生。"由此可见，习惯对个人的影响是深远的。

我们班有位学生，过去成绩平平，但自八年级起，她的成绩显著提升。我曾询问她进步如此迅速的原因，她表示并非自己聪明，而是找到了适合自己的学习方法。过去，她上课时注意力不集中，总是分心做小动作，不跟随老师的思路，经常走神。然而，她后来发现了一种有效的学习方法——坚持每天写日记。这一习惯帮助她提升了文字表达能力，加强了语言积累，丰富了词汇，增强了表达技巧。同时，写日记也帮助她积累了知识，使她能够静心听课，不再做小动作。正是这种每天坚持写日记的习惯，促进了她成绩的持续提高。

如果说人生是一朵含苞待放的荷花，那么好习惯便是那优雅挺拔的姿态，使其在泥泞中绽放而不沾染污秽，在清澈的涟漪中洗涤而不失本色；如果说人生是一枝在寒风中独自盛开的梅花，那么好习惯便是那悄然飘散的幽香，使其在严寒中散发芬芳，展现出坚韧不拔的风骨；如果说人生是一株随风飘散的蒲公英，那么好习惯便是那助其飞翔的风，使其自在飘扬，寻得生存的希望。培养好习惯，是塑造美好人生的关键。

要培养良好的习惯，必须拥有坚定不移的毅力。实际上，成功摒弃不良习惯和养成良好习惯的前提条件，正是你所具备的这种坚韧品质。坚韧本身就是一种习惯，一种高度的自律。有了这种自律，你才能培养出良好的习惯。好习惯的养成在于坚持，挑战在于坚持，成就也在于坚持——好习惯在持之以恒中铸就。一个良好的习惯，无疑是人生成功的关键因素之一。养成好习惯，就等同于迈出了通往美好人生的坚实步伐。

刘秀祥出生于贵州省望谟县一个偏远的乡村，家中排行最小，上有姐姐和两位哥哥。尽管家庭条件拮据，勉强维持生计，但生活尚能自足。然而，在刘秀祥四岁那年，父亲因病去世，母亲因无法承受这一打击，精神状况开始恶化。到了刘秀祥十一岁那年，姐姐和哥哥相继离家出走，年幼的刘秀祥不得不独自一人扛起家庭的重担。在如此艰难的环境中，刘秀祥依然坚持不懈。他坚信，无论生活多么艰辛，都必须坚持学习，并且立志要脱颖而出。对他而言，读书是改变命运的唯一途径。刘秀祥将这句话深深地刻在心中，并开始努力学习。尽管因身体原因高考失利，但他并未因此放弃，而是努力说服一所中学让他复读。正是凭借他那坚韧不拔的毅力和不懈的努力，最终他考入了山东临沂大学。正是这份坚韧和良好的习惯，为他创造了一个更加光明的未来。良好的习惯成就美好的人生，刘秀祥老师通过自己的好习惯，彻底改变了自己的一生！

如何培养学生的良好习惯呢？作为教师，我们必须学会运用表扬这一有力工具，以促进学生良好学习习惯的萌芽和成长。对于那些展现出良好学习习惯迹象的学生，我们应及时给予表扬。以我们班的朱同学为例，他过去上课时总是心神不宁，四处张望，还经常打瞌睡。但是有一天，我发现他坐得非常端正，于是立即在全班面前表扬了他，称赞他是班上坐姿最标准的，值得大家学习。他立刻露出了自豪的笑容。从那以后，他每次上课都保持端正的坐姿，而且他的成绩也在稳步提高。在这次考试中，他更是取得了96分的好成绩，这充分证明了良好的习惯确实能够改变一个人的命运。

我们的作业流程应当包括布置、检查和跟进三个环节。无论是课堂作业还是课后作业，一旦布置，就必须进行检查。对于完成得好的作业，我们应予以表扬和鼓励；对于不够认真的作业，我们应提出改进建议，但应避免生硬的批评，要给予学生改正的机会。在课堂上，对于口头提问的作业，无论学生的回答正确与否，都不应批评，反而应对那些勇于发言的学生给予表扬和鼓励，赞赏他们敢于表达自己观点的勇气。这样，即使学生回答错误，也不会感到害怕，反而会因为得到肯定而更加积极地参与课堂讨论。这种方法还有助于避免机械和重复的作业。过去，我在讲课时只注重进度，没有认真检查留下的作业，仅仅将其作为一种形式，口头督促后便不再跟进。自那以后，我开始认真检查布置的每项作业，并督促学生养成良好的学习习惯。

培养良好的学习习惯，将使你终身受益。反之，不良习惯将使我们终身受累。习惯是我们人生旅途中的坚实基石，为成功之路奠定基础；习惯是我们人生航程中的风帆，推动我们驶向成功的彼岸；习惯是我们人生道路上的向导，引领我们走向成功的殿堂。简而言之，习惯决定着人生的成败。

好习惯成就好人生

唐县六一小学　崔凤仙

世界上最可怕的力量是习惯，最宝贵的财富也是习惯。正如著名教育家叶圣陶先生所言："积千累万，不如养个好习惯。"

的确，行为习惯就像我们身上的指南针，指引着每个人的行动。正如心理学家威廉·詹姆斯所说："播下一个行动，收获一种习惯；播下一种习惯，收获一种性格；播下一种性格，收获一种命运。"每个人的成功与失败很大程度上取决于习惯。良好的习惯无疑是成功的关键因素之一，一旦养成了良好的习惯，就仿佛掌握了打开成功之门的钥匙。

第二届培养良好习惯交流会暨教育创新发展论坛在我校成功举办后，我们的校园生活发生了很大的变化。

在课间操时刻，孩子们随着节奏的引领，迈着青春的步伐，脸上洋溢着快乐的笑容，动作整齐划一，展示着他们充满活力的少年精神和朝气蓬勃的新风貌！

课堂是孩子们学习知识的主要场所，一个积极向上的课堂氛围能够显著提升他们的学习效率。瞧！上课铃声响，同学们安静有序地回到座位，快速坐好，把书本、文具整齐地摆放到桌面上。他们用端正的坐姿、饱满的精神等待老师的到来。

"出门看队伍，进门看内务。"在每天的内务整理中，孩子们都积极主动、勤劳自律，用实际行动向我们一展内务风采！

每晚，孩子们回到宿舍，我会引导他们一边唱儿歌一边洗漱。（我有一双小小手，能洗脸能刷牙，会穿衣会梳头，自己的事情自己做。）"老师，你看我洗的袜子多干净!”“老师，我洗完脚了，洗脚盆也放回原处了。”“老师，我都洗漱完了，看我的毛巾整理得好不好?”我的回答总是：“真干净，真棒！你做得真好!”在孩子们的欢声笑语中，他们快乐地完成自己的事务。我也会适时给表现最佳的同学加分，激发他们的积极性，确保每个孩子都能养成良好的卫生习惯。

谭同学在学习上的转变尤为显著。他过去常常不交作业，或者不按时完成作业，有时甚至根本不做作业，而且他的课桌和书包总是杂乱无章。这个孩子有着不良的学习习惯，无法集中注意力完成作业。他常常在一门学科的作业上只花几分钟，便转而去做另一门学科的作业，导致整晚看似忙碌，实际学习效果却微乎其微。在课堂上，他也不善于利用时间，例如当其他同学被老师提问时，他不是专心倾听，而是盯着同学看。他有时还会做出一些出格的行为，引得同学们发笑。比如，有一次老师讲到一道题刚想说“一罐煤气”，可是刚说出“一罐”时，他接着就说“好奶粉”，惹得全班同学哄堂大笑。然而，通过阅读他的日记，我发现他对学习充满热情，对老师、同学和班级抱有深厚的感情，并且对于自己落后的成绩感到焦虑，有着强烈的进取心。于是我决定从培养良好的行为习惯入手，多关心他的学习与生活，拉近他与老师的距离。我还特意安排班上的优秀学生与他同桌，以便在他表现出不良行为时，老师和同学们能够及时给予提醒；在他遇到难题时，能够迅速得到帮助和辅导，从而真正感受到融入集体的快乐。例如，每当他的作业有了一点点进步，我都会用充满激励性的评语来表扬他。感受到老师的鼓励后，他在课堂上也会自豪地抬起头，坐得端正，不再四处张望。慢慢地，我注意到他上课时东张西望的次数减少了，认真听讲的时间增多了，我内心为他的进步感到无比欣慰。经过我们的共同努力，他上课听讲认真了，坐得住了，精力集中了，同学们也都愿意和他交流合作了。他的学习成绩有了很大的提高，并且劳动也非常积极。

良好行为习惯的培养并非一朝一夕之功，它需要学生长期努力，需要老师不断地督促和引导。孩子的心灵就是一块神奇的土地，播下一种思想，就会收获一种行动；播下一种行动，就会收获一种习惯；播下一种习惯，就会收获一种性格；播下一种性格，就会收获一种命运。教育的核心并不仅仅是传授知识，更重要的是引导学生学会如何做人，培养良好的习惯。我坚信，通过我们不懈的努力，孩子们将会变得越来越优秀！

好习惯成就好人生

唐县启明中学　和　柳

习惯，是一种无形的力量，它可以改变一个人的命运。好习惯，如同阳光般温暖，给人以力量；坏习惯，如同阴霾般沉重，让人难以前行。作为一名教师，我深知习惯对学生的影响，因此我一直在努力培养学生的好习惯，帮助他们走上成功之路。

在日常教学中，我发现很多学生有拖延症。他们总是把今天的事情推到明天，把明天的事情推到后天，时间一天天过去，结果却发现自己什么都没做成。为了帮助他们克服拖延症，我采取了多种方法。首先，我鼓励他们制订计划，合理安排时间。其次，我提醒他们珍惜时间，不要让时间从指缝间溜走。最后，我教育他们要养成良好的时间观念，明白时间的宝贵。经过一段时间的努力，很多学生的拖延症得到了改善，他们学会了珍惜时间，更加努力地学习。

除了拖延症，很多学生还存在一个普遍的问题，那就是缺乏自律。自律是一种强大的力量，它可以让人在面对困难时不屈不挠、勇往直前。为了培养学生的自律意识，我经常给他们讲述一些成功人士的故事，让他们明白自律对于成功的重要性。同时，我还鼓励他们在生活中锻炼自己的自律能力，比如要求他们每天按时起床、按时吃饭、按时完成作业等。经过一段时间的努力，很多学生的自律能力得到了提升，他们变得更加自信、更加坚定。

当然，好习惯的养成并非一朝一夕之事，它需要长时间的积累和坚持。因此，我一直鼓励学生要珍惜时间，从点滴做起，慢慢养成良好的习惯。同时，我也教育他们要以积极的心态面对生活中的困难，要学会调整心态，以乐观的心态去面对生活。这样，他们才能在人生的道路上越走越远、越走越稳。

我记得有一位同学，名叫佳烁。佳烁性格开朗，聪明伶俐，但是他有一个不好的习惯，那就是拖延。每当老师布置作业时，他总是想着先玩一会儿，拖到最后一刻才匆忙完成。久而久之，他的学习成绩逐渐下滑，让父母和老师都非常担忧。

为了帮助佳烁改掉这个坏习惯，我决定从他的兴趣出发，制订一个详细的计划。了解到佳烁喜欢画画，于是我鼓励他每天抽出一定的时间来练习画画，并在画画的过程中培养他专注的习惯。同时，我还建议他每天将学习任务分解成若干个小目标，逐步完成，以养成良好的时间管理习惯。

经过一段时间的努力，佳烁的学习成绩逐渐提高，而且他的拖延症也得到了有效控制。他开始明白，良好的习惯不仅能让他的学习更有成效，还能让他的生活更加充实。他告诉我，他现在很珍惜时间，会把每一分钟都用在刀刃上，因为他知道，时间就是金钱。

好习惯对人生具有积极的推动作用，它是实现个人价值和社会进步的基础。为了养成好习惯并克服不良习惯带来的负面影响，我们要充分认识到良好行为习惯养成的重要性。为了培养良好的行为习惯，以下建议值得借鉴：首先，始终坚持做好每一件小事，这些看似微不足道的行为会逐渐积累并潜移默化地影响我们的心态和行为；其次，学会自我管理和自我约束，时刻督促自己的行为，并调整方向朝着目标不断迈进；最后，找到身边的榜样人物，向他们学习并汲取经验，不断激励自己成为更好的人！让我们共同努力，养成良好的行为习惯，为自己的未来奠定坚实的基础，并为社会的进步贡献力量！

总的来说，“好习惯，好人生”不仅是一个口号，更是一种生活态度。它告诉我们：好习惯是通往成功人生的必经之路。只有不断地培养和坚持好习惯，我们才能拥有一个更好的人生。让我们从现在开始，努力培养好习惯，迈向美好人生！

好习惯——成功的基石

唐县六一小学　辛乐乐

距第二届培养良好习惯交流会举办已有月余，魏书生、刘秀祥等专家的精彩讲座和诺亚集团旗下各个校区的精彩展示都给人留下了深刻的印象，而且此次交流会也得到了以央视频为首的广大媒体的深入报道，影响极为广泛。

在两次交流会期间，我阅读了魏老师的书籍、聆听了魏老师精彩纷呈的讲座、观看了魏老师干货满满的视频，深刻地体会到了好方法和好习惯对于教育的重要性。魏书生老师提倡的“自主学习”“探究式学习”等方法，能够激发学生的学习兴趣和主动性，让学生在探索和发现中提高自己的学习能力。同时，他也强调了好习惯的培养，如定期复习、做好笔记、积极思考等，这些习惯能够帮助学生养成良好的学习习惯，提高学习效率。

尽管专家们已经离开校园，但学校倡导的“事事好习惯，处处展风采”的热情依然高涨。在王建刚董事长的引领下，我们对良好习惯的培养工作正热火朝天地展开。

在教育和教学活动以及班级管理过程中，我时刻使用着魏老师的好方法，以培养学生的好习惯。

一、班级管理

在班级管理中，我坚持“事事有人做、人人有事做”的理念。本学期之初，为了恰当地分配任务，我特别召开了一次以“争当班级小主人”为主题的班会，旨在培养学生的集体意识和责任感。同时，我让学生参与班级规章制度的制定和执行，让他们感受到自己是班级的一分子，有责任维护班级的秩序和荣誉。此外，我采取了竞争上岗的方式，让学生自主选择岗位。就这样，到目前为止，学生们每天都能认真负责地完成自己的任务。这样，每当班级的某一方面出现问题时，我都能及时找到责任人，大大提高了工作效率。

二、德育工作

魏老师的方法丰富多彩，最吸引我的便是让犯错误的同学写“检讨书”。魏老师把“检讨书”与语文教学结合起来，比如让学生在“检讨书”中用上修辞手法、加入一段自己的感受等。

于是，对待本班犯错误的同学，第一步，我先让他写清楚事情的经过；第二步，我会让他用上修辞手法形容自己的心情以及犯错误后的感受；第三步，我会让他尝试用抒情的写法，写一写今后自己应该怎么做。就这样，学生们在写“检讨书”的过程中，既提高了写作能力，又深刻认识到了自己的错误。由于学生们不愿意写这样的“检讨书”，便会减少犯错误的次数，于是学习习惯和生活习惯也会越来越好。魏老师的这个方法让我和学生们都受益匪浅。

这些身边的小事都展示了好方法和好习惯应用在工作实际中所产生的积极影响。

好习惯是成功的基石，这是一个颠扑不破的真理。正如作家马克·吐温所说：“习惯就是习惯，谁也不能将其扔出窗外，只能一步一步地引它下楼。”无论是在学习还是在生活中，培养良好的习惯都是取得成功的关键。美国成功学大师拿破仑·希尔也说：“习惯能够成就一个人，也能够摧毁一个人。”让我们从现在开始，努力培养良好的习惯，为自己的未来打下坚实的基础。

总之，好习惯能够帮助我们成为更好的自己，实现我们的梦想和目标。无论是教师还是学生，都应将培养良好的习惯视为终身追求。拥有好习惯，就等于掌握了通往成功之门的钥匙。愿我们每个人在良好习惯的浸润下，都能如愿以偿地成为更优秀的自己。

鼓励式教育是学生快速成长的敲门砖

唐县六一小学　刘淑旖

久仰魏书生老师的大名，终于在 2021 年 10 月 21 日有幸亲耳聆听了魏老师以“做最优秀的老师，做最优秀的班主任”为主题的讲座，我感受颇深。今年，在集团的领导下，我校成功举办了第二届培养良好习惯交流会及教育创新发展论坛。我们有幸邀请到魏书生老师指导我们的工作并发表演讲，他的话语让我深受启发。魏书生老师所散发的光芒，深深地吸引了我。

今年，作为一年级的教师，看到学生展现出自主学习的能力，我感到非常欣慰。通过鼓励式教育，我们能够激发学生的学习兴趣和爱好，唤醒他们内心深处的潜能，从而提升其学习的参与度，并培养他们良好的学习习惯。这无疑是促进学生快速成长的关键。

对孩子的教育没有捷径可言，但有一件事所有家长和老师都应该花精力去做，那就是激发孩子内在的学习动力，悉心培育孩子心中的勤奋之芽，并进行浇灌、松土、施肥和除虫。魏书生老师曾说过：“用孩子心灵深处的能源，去照亮孩子的精神世界，是教育子女最省力的办法。我觉得教育孩子最省力的办法，就是看到孩子心灵深处的两个自我，然后用孩子的勤我战胜懒我，善我战胜恶我。孩子内心深处，勤、懒两种思想发生冲突，斗争起来，倘若好思想赢了，我们便能坐收‘渔人之利’。倘若勤思想斗不过懒思想，我们则需要伸出手去帮一把，帮他想想办法，出出点子。”

自首届良好习惯交流会以来，我一直进行自我反思，并结合自己在日常教学中的实践，总结出以下几点鼓励式教育的方法。

一、多采用肯定的语言

数学学科要求孩子们积极思考、勤于动脑，因此上课时必须认真聆听老师的每一句话。实际上，作为学生，认真聆听是基础中的基础。但是，由于心理发展阶段的特性，小学一年级的孩子往往难以长时间保持专注。在 40 分钟的课程中，到了后半段，一些孩子开始坐立不安，玩弄橡皮、铅笔，或者发呆。此时，教师应更多地使用肯定性的语言，从行为上激励学生。例如，可以这样问："每位小朋友都想成为聪明的孩子，那么怎样才能做到呢？聪明的孩子会用两只耳朵聆听老师的讲课和同学的发言；用眼睛仔细观察老师的 PPT、板书、表情和动作；用心思考老师提出的问题和讲解的内容，以及同学的发言；用清晰的声音表达自己的想法。"通过这种鼓励性的语言，我们可以使要求变得具体而明确。在每堂数学课的课堂总结时，我们可以引导学生进行反思，思考自己是否是一个聪明的孩子，特别是是否专心听讲和聆听同学的发言。要吸引一年级学生的注意力，也要求我们教师的讲授要生动形象、突出重点，善于提问，激发思维，以引起学生的学习兴趣。教师应运用表扬与建设性的批评，纠正儿童注意力不集中、随意讲话、做小动作等不良习惯，将学生良好的学习成果归因于他们的努力程度。频繁地肯定将使学生的学习习惯逐渐改善。

二、肯定同学间的无私互助

在新课程背景下，数学课堂已经从传统的被动接受式学习转变为以自主学习、合作探究为主导的学习模式。在实际教学过程中，我发现学生们往往不愿意聆听同伴的观点。这可能是由于部分学生发言声音较小，导致其他同学缺乏倾听的动力；或者是因为某些学生在语言表达上不够流畅，导致他们的发言缺乏连贯性，从而减弱了他们的倾听意愿。然而，师生之间以及学生之间的交流实际上是一个思维碰撞的过程，它常常能够激发出思维的火花。这些火花可能是别具一格的解题方法，也可能是富有创意的思考，或者是充满哲理的见解。

我们需提醒学生，当他人发言时，应保持专注，认真倾听。这有助于培养学生的尊重意识和倾听技巧。在小组协作学习中，组长和成绩优异的同学应积极帮助其他成员。我们应当适时给予他们鼓励，并指出帮助他人实际上也是自我提升的过程，因为这不仅是一次珍贵的知识应用机会，更是一次高效的学习过程。

三、鼓励学生努力提高，学会争辩

我们要教育学生上课时边听、边想、边看、边思。在数学学习的过程中，我们强调独立自主地思考问题、分析和解决问题，不人云亦云，邯郸学步。为了体现学习的多样性，我们要鼓励学生大胆地提出疑问，并追根究底，敢于提出与老师、同学不同的见解，充分发表自己的不同意见；训练学生有根有据、有条有理、理由充足地与同学争辩问题，从而形成生生、师生互动的学习氛围。

例如，在教学“6—10的认识”时，我准备了一些卡通数字，让学生戴在头上，分别代表“0、1、2、3、4、5、6、7、8、9”这十个兄弟，辩论“看看谁最大”。在角色化趣味情境的辩论过程中，学生兴趣盎然。“9”说：“我最大。”“0”很不服气地说：“我最大。”其他数字兄弟听了“0”的话后都哈哈大笑起来，齐声说：“你是最小的。”“0”走到“1”的旁边自信地说：“你们看，现在我们是不是最大?”其他数字兄弟都点点头，现在“10”最大。“0”继续走到“2”身边骄傲地说：“看，有了我，你们是不是都更大了？两个兄弟肯定比一个兄弟大。”其他数字兄弟恍然大悟，原来两个兄弟站在一起可以组成一个更大的数，正所谓“兄弟同心，其利断金”。深入角色中后，学生能更深刻地明白每个数字都是重要的存在，两个数字能组合成一个更大的数，两位数肯定比一位数大。最后，为了巩固学习，我引导学生借助小方块、圆片、小棒等教学用具，通过摆一摆直观呈现、操作对比，使学生知道“0＜1＜2＜3＜4＜5＜6＜7＜8＜9＜10”。就这样，学生在轻松愉悦的角色化情境中畅所欲言，自由发挥说理能力、辩论能力，不仅完成了对新知识的巩固，更为后续的学习打下了基础。

我们必须深入孩子的内心世界，运用鼓励式的教育方法激发孩子自我激励、自我超越的潜能，帮助他们在内心树立勤奋向上的精神。作为教师，我们要让孩子们在轻松、和谐、愉悦的环境中，以自信、自强、积极向上的态度去面对学习任务，从而迅速成长。

好习惯　好人生

唐县启明高级中学　霍鑫坤

闲云散尽，暗香浮动，物换星移，疏影横斜。再微弱的光也是光，再平凡的人也有人生中的高光时刻。人生不说永远，只说瞬间。我们的生活中，每一个瞬间都在温暖他人。人生如酒，或芳香，或浓烈，因为好习惯，它变得醇厚；人生如歌，或高昂，或低沉，因为好习惯，它变得悦耳；人生如画，或明丽，或素雅，因为好习惯，它变得美丽。

著名教育家叶圣陶先生说过："积千累万，不如养个好习惯。"那么，什么是教育？简单一句话，就是要养成好习惯。学生在学校不仅要学好文化知识，更要进行能力培养。良好习惯的养成，正是以人为本的素质教育思想的真谛所在。教育部近来在各个学校推行的"十二个一"，想必你肯定不陌生，或许你会为了完成这些任务而叫苦不迭，可你是否想过，每一样东西都有它存在的价值，倘若你认真、用心地坚持下去，你一定会在这个过程中收获知识。试想三年之后，在你坚持每天积累一首诗、每天做一小时家务……你也会因此产生许多改变，让别人对你刮目相看。所以我说，好习惯能为你的人生添上一笔亮丽的色彩。

作为班主任，我每天密切观察学生，发现优秀的学生往往拥有许多良好的学习习惯。在我的班中，有这样一位女生，她总是第一个到教室，坐下后立即开始学习，真正做到了"入室即静，入座即学"。每当她朗读时，她的声音响彻整个教室。她的成绩在班中乃至年级中都名列前茅。这位学生名叫李佳倩，她的生活和学习都极有规律。每天清晨五点二十，她就已经坐在座位上背书了。在课堂上，她总是积极地回应老师的提问，勇敢地表达自己的观点，不怕犯错。自习课上，她专心致志地完成老师布置的任务，没有多余的动作，实现了“零走动，零抬头，零说话”。晚上放学后，她会早早洗漱完毕，尽管应该休息了，她仍然坚持在楼道里学习一会儿。我清楚地记得我们之间的一次对话，我劝她：“佳倩，快去睡觉吧，明天再学习，不要给自己太大压力。”她回答说：“老师，我没有压力，只是还不困，让我再学一会儿！我很快就会去睡觉。”听到这样的话，我深受感动，这个小女孩对学习的投入程度令人敬佩！良好的习惯塑造了她美好的人生，她的每一个行为都是她取得优异成绩的关键。她将勤奋和努力内化为自己的习惯，不感到疲惫，不觉得艰难。在高中的青葱岁月里，这些稚嫩的身影正努力奋斗着！

微风轻拂过林间，我静坐一隅仰望苍穹，不经意间余光捕捉到了她的身影——马老师，一位令人尊敬的长者。每天黎明时分，在通往校园的道路上，总能看到一位身材挺拔、步伐坚定的小老太太的身影，她就是我的同事，一位备受尊敬的前辈。她已年过六旬，却依旧坚守在工作岗位上，致力于教育事业，渴望用自己的光芒照亮他人。每日授课前，她总是早早地到达教室，为学生们进行思想上的激励，鼓励他们积极参与课堂活动。课后，她也不忘关注学生的学习进展，并对学生进行思想教育。此外，她坚持步行上下班，积极锻炼身体。她的良好习惯在同事和学生中广为流传，大家积极向她学习，提升自己。

常言道：“习惯成自然。”良好的习惯塑造人，不良的习惯摧毁人。习惯影响着人的思维和行为，决定着人的命运。据专家研究显示，人类90%的行为受到习惯的驱使。习惯能够使人变得机智敏锐或者迟钝愚笨。习惯既是守护天使，也是潜伏的恶魔。良好的习惯激励人不断前行，仿佛赋予人飞翔的翅膀，引领人飞向天堂；而不良的习惯则会贻害无穷，如同给人戴上枷锁，使人坠入深渊。一位美国心理学家曾经指出：“播下一个行动，收获一种习惯；播下一种习惯，收获一种性格；播下一种性格，收获一种命运。”因此，一个人只有从小养成良好的习惯，未来才能拥有灿烂的人生。

为了迎接美好的未来，我鼓励大家：从小培养良好的学习习惯，这将激发我们对知识的渴望，推动我们不断进步；养成良好的生活习惯，这将使我们保持整洁、端庄，展现出文雅大方；培养诚实守信的习惯，这将帮助我们广结良友；培养自立的习惯，这将使我们勇敢地面对困难，独立思考。让我们共同努力，改掉缺点，养成好习惯，共同成就美好人生。

受益终身的良好习惯

唐县六一小学　侯　帅

魏书生老师曾说过：“行为养成习惯，习惯决定品质，品质决定命运!”每个人养成的微小习惯，到最后甚至可能会影响自己的命运。

董事长在日常的教学管理中十分重视师生良好习惯的养成，特别组织了两届“培养良好习惯交流会”，旨在让学校师生认识到良好习惯的重要性，并指导师生如何养成这些习惯。在这个过程中，我收获颇丰，并进行了深刻的反思。接下来，我将结合自己在社团课程中的教学活动，简要分享我是如何在课程中培养学生良好习惯的。

一、养成放松敲奏的好习惯

在空灵鼓社团的每次招新课程中，我总是不急于让学生直接演奏乐曲，而是注重他们的坐姿和握锤姿势的训练——保持身体挺直，双臂平行，然后持续保持这一姿势，从最初的 5 分钟开始，逐渐增加至 10 分钟。这样的训练不仅能够塑造他们的演奏姿态，还能锻炼他们的定力，使他们能够以放松、沉稳和冷静的心态进行敲奏。空灵鼓，顾名思义，是一种音色空灵悠远的敲击乐器，非常适合用来培养学生的音乐感受能力。其清澈悠扬的音色能够安抚孩子们焦躁紧张的情绪，有效地对调皮好动的孩子进行情绪管理教育，锻炼他们的心态。空灵鼓的音色特性能让学生体验到一种静心的力量。如果孩子从小就培养这种心态，将来面对困难时，他们的情绪可能会更加平和。因此，我强调学生要养成不急不躁、沉着冷静的习惯。在良好的敲奏姿势养成之后，我从基础音阶开始教起，让学生感受乐器音色的变化，以及不同音高音色的特点。空灵鼓有助于培养学生的乐感，让他们在敲奏时感受到音乐之美。在演奏时，速度一定要慢，这样才能完美展现空灵鼓的独特魅力。因此，我经常指导学生慢慢地敲奏，培养良好的敲奏习惯，深入感受乐曲之美。每一首歌曲都蕴含着一个故事，我们需要思考如何展现这个故事。台上一分钟，台下十年功。只有养成良好的表演习惯，才能在展示中尽量做到少失误甚至零失误。

二、养成专注的好习惯

在演奏过程中，注意力的集中同样至关重要。在社团活动中，学生们易受周围环境干扰，导致弹奏失误或节奏不稳。因此，我开始着手培养他们的专注力。我首先向同学们强调，在演奏时必须全神贯注，不受外界干扰，坚持将乐曲演奏到底。特别是在表演中，即便出现弹错音符的情况，也应继续演奏，确保作品的连贯性。那么，我是如何训练学生的注意力的呢？在为他们提供钢琴伴奏时，我会故意弹出错误的音符。起初，学生们会因我的错误而停下，但我随即提醒他们要专注于自己的演奏，忽略其他干扰。随着时间的推移，他们逐渐学会了忽略我的错误，有序地完成自己的部分。如今，他们在表演中表现得非常专注，即便出现小失误，也能迅速调整，全身心投入演奏中。我希望这种专注力的培养，在他们未来的学业和生活中，都能让他们受益。

三、养成自学的好习惯

在社团课程中，我教学生们培养自学的习惯。除了学习老师指定的曲目，他们还可以探索自己喜欢的歌曲。例如，他们可以学习平时喜欢听的歌曲，或者偶然发现并感兴趣的音乐。每多掌握一首乐曲，就多一分充实，技能的积累是无价的财富。我向同学们强调，无论吹拉弹敲，学习乐器的方法本质上是相通的，只要记住旋律，再用各种乐器的演奏技巧去表现，任何乐器都可以自学。现在，我的社团学生在完成课堂任务后，会主动寻找乐谱，学习他们喜欢的音乐。遇到复杂的节奏时，他们会向我求助，我则提供相应的指导。兴趣是最好的老师，学生们在社团课上总是全神贯注。我坚信，他们的求知欲和行动力将在未来的学习和生活中为他们带来巨大的成功。

四、养成调控心态的好习惯

我想强调的是，我希望学生能在愉悦中学习，并保持积极的心态，有效地管理自己的情绪。生活与学习的道路并非总是平坦的，困难和挫折在所难免。面对挫折和失败时，我们不应气馁，而应勇敢地寻求突破，继续前进。在社团活动中，我注意到有些学生学习进度较慢，这让他们感到很沮丧。看到他们忧郁的表情，我便鼓励他们："人并非生来就无所不知，而是通过不断学习和尝试，这样我们才能走得更远。想想王羲之的书法、爱迪生的发明，你知道他们为了成功付出了多少时间和努力吗？如果他们在遇到挫折时就放弃，他们还能取得今天的成就吗？"学生们若有所悟。我继续说道："因此，我们不应怀疑自己，而应坚信自己能够成功，然后付诸行动。保持乐观的心态，一切都会变得更好。"

除此之外，同学们经常会问我的一个问题就是"什么时候放假"，我经常回答他们"既来之，则安之"，与其焦虑地期盼放假，不如以轻松的心态完成手头的任务。当假期到来时，只需简单整理行李，便能轻松出发。持续的焦虑只会增加不必要的烦恼。保持良好的心态，生活也会更加美好。积极乐观的态度有助于他们在快乐中取得成功。因此，我鼓励他们学会调整心态，保持自信，勇敢地向前迈进。

总的来说，从小培养良好的行为习惯，确实能够让人终身受益。虽然每天的社团课程仅有 40 分钟，但我希望能够为学生提供正确的指导，帮助他们养成良好的生活习惯和学习习惯。每天一小步，生活一大步。不积跬步，无以至千里。让我们从每天的小事做起，培养好习惯，丰富自我，成为优秀的人。

好习惯成就好人生

唐县启明高级中学　胡新欢

播下一个行动，收获一种习惯；播下一种习惯，收获一种性格；播下一种性格，收获一种命运。是的，习惯与命运是相关联且密不可分的。现在开始培养良好的习惯正当其时，我们无须哀叹已步入中年，也不必为年轻时未能养成好习惯而懊悔，一切从现在开始都为时不晚。习惯是可以培养的，我们应该庆幸现在能够理解这个道理。昨日的习惯塑造了今天的我们；今日的习惯将决定明天的我们。让我们从现在做起，从今天开始，培养良好的行为习惯，共同创造一个辉煌的未来！

如果良好的习惯是一种道德资本，那么坏习惯便等同于道德上无法偿还的债务。好读书，不求甚解——我之前一直把陶渊明的习惯懵懂地当作自己的习惯。我误以为这是文人的一种洒脱，后来才明白，这实际上是我个人的“不求甚解”。陶渊明的“不求甚解”是在已经理解了原意、领悟了精髓之后的境界，因此他的“不求甚解”实际上是对文旨和文理的深刻理解。而我，当初只是一个无知的少年，盲目地相信了这种说法。这让我在工作中又从曾经读过的、学过的知识中重新“刨”了一遍，而这一遍不是查字典，就是做批注，要不就是问百度，着实费了一番力气。因此，在我们选择习惯时，首先必须确保这个习惯是正确的，并且能够为我们所用。我们不能在选择习惯时敷衍了事，否则不仅会浪费时间和精力，而且可能会成为别人的笑柄。

每个人都渴望优秀，渴望成功，渴望像那些成功者一样拥有精彩的人生。我们时常沉浸于文学家的一字一词，甚至是一句一读；我们亦会惊叹于运动员的健康体魄，或是他们在赛场上的潇洒驰骋；我们更是折服于外交家的高屋建瓴、运筹帷幄……他们都是我们的榜样，他们如明星般闪耀，令人仰慕。然而无论我们怎样渴望，那一切都是别人的，与其临渊羡鱼，何不退而结网？成为那个被渴望的人。乾坤未定，你我皆是黑马，乾坤已定，那就逆风翻盘。就从此刻，就从当下，改变坏习惯，养成好习惯，让我们的人生锦上添花，做人生的舵手，做那个被渴望的人。

在最近的一次自习课上，我要求学生们在便签纸上记录下为下次月考设定的一个小目标，并附上自己的两个良好习惯和一个不良习惯。当班长收集并递交这些作业后，我仔细阅读了每位同学的目标和习惯，发现了一些普遍存在的问题。首先，学生们普遍渴望进步，希望变得更好；其次，他们对自己的习惯有着清晰的认识，无论是好是坏。这些便签让我情不自禁地微笑，一方面，我被这些孩子的可爱打动，他们明知故犯的日常错误在我看来是这个年龄段特有的顽皮，甚至是青春的标志；另一方面，通过他们对自己不良习惯的坦诚，我意识到如果给予他们正确的指导，培养他们的良好习惯，帮助他们改正并坚持下去，他们定能变得更加出色，成为人们所向往的对象。同样，我们每个人若能养成良好的习惯，也定能在人生道路上增添一抹绚丽的色彩！

让我们从此刻起，拒绝拖延，今日事，今日毕；从此刻起，拒绝偷懒，脚踏实地，扎实工作；从此刻起，放下手机，专注生活；从此刻起，不要“比较级”，只要“最高级”。让我们改掉坏习惯，培养有益于我们自身的好习惯，以助力个人成长，服务社会，肩负民族重任！

所有的好习惯以不可见的程度慢慢积聚起来，将如百溪汇于川、百川流于海，其成功之态势必磅礴不可阻挡，其人生亦会充满美妙、炫彩四溢，无须多言便定会惹人驻足瞻仰，而这一切定是始于习惯，终于习惯！

◇三等奖

好习惯托起明天的太阳

唐县六一小学　赵金雷

“思想决定行动，行动养成习惯，习惯形成品质，品质决定命运。”在我们学校，培养孩子们养成良好的生活和学习习惯始终是我们诺亚集团所坚持的理念。10 月 17 日至 10 月 19 日，诺亚教育集团举办的第二届培养良好习惯交流会暨教育创新发展论坛聚焦于立德树人，全面推进素质教育，重视养成教育及良好行为习惯的培养。对学生进行良好习惯的培养，是我们教师肩负的重要责任。

我踏入六一小学的校园已近六年，在这段时光中，我担任了四届班主任。自从肩负起班主任的重任，我时常感到疲惫不堪。维护班级纪律、督促班级卫生、处理学生问题……我事无巨细，亲力亲为，忙得焦头烂额。尽管班级表面上看起来井井有条，但这背后却是我辛勤付出的代价。我一直在思考：有没有一种方法，可以让班级管理变得更加轻松愉快呢?

此次交流会之后，我深受启发，收获颇丰。魏书生老师以其朴实无华且流畅的语言，结合众多生动且感人的事例，详细阐述了他独特的班主任工作经验以及实施班级管理的具体策略。他让我领悟到如何运用科学的管理方法来认识自我、改变自我，以及如何管理和引导学生，进而深刻理解我们所从事的教育事业，并推动其改革。

我认真聆听了魏老师的讲座，并重新阅读了《班主任工作漫谈》。这本书不仅提供了班主任工作的宝贵经验，还激发了我们对教育的热忱。它赋予我们知识，启迪智慧，引导人生。魏老师在班级管理中的创新做法，让我这个教育战线的新兵受益匪浅。其中，最让我印象深刻的是以下三个方面：

第一，对学生管理要充分发扬民主。魏书生老师说过这样一句话：“凡是学生能干的，班干部不要干，凡是班干部能干的，班长不要干，凡是班长能干的，班主任不要干。”这句话充分体现了民主、科学的管理思想。他坚信，民主化的班级管理能更有效地激发学生参与管理的热情。这不仅能让班主任从繁杂的班级事务中解脱出来，选择性地放手，同时也能培养学生的独立自主精神，实现全体学生的共同参与。在阅读了相关章节后，我决定积极推行民主管理，鼓励孩子们尝试布置主题墙。我首先在班级内公开招募有意向参与的同学。或许是出于对绘画的热爱，又或许是出于对新鲜事物的好奇，许多同学踊跃报名。根据报名人数，我将他们分成若干小组，每个小组轮流负责一期主题墙的布置。虽然孩子们是初次尝试，过程中难免出现一些小差错，但经过我的简单指导，他们后续的表现一次比一次出色，带给我许多惊喜。许多同学也受到鼓舞，纷纷向我表达希望加入班级管理的愿望。

民主科学的管理方式还有另一个重要方面，那就是每个人都有自己的职责，每件事都有人负责。秉持着民主管理、人人参与的原则，在充分尊重同学们意愿的基础上，我增设了多个职位，例如桌椅摆放员、服装搭配师、光盘督导员、排队纪律员……通过这一系列措施，我们真正实现了“人人有事做，事事有人做”的目标。现在，我每天早晨一走进教室，就能感受到清新的空气，这是因为开窗小天使已经提前打开了窗户；每次上课前，黑板总是被擦拭得一尘不染，这归功于黑板美容师的辛勤工作；下课后，同学们都能喝到新鲜的水，这是“大自然搬运工”的贡献……54名同学各司其职，乐在其中，班级管理井然有序，我终于体会到了解放双手的美妙感觉！

第二，教育学生要有针对性。在《班主任工作漫谈》中，魏老师提出了一个比喻，将教育学生比作“种庄稼”。正如种植庄稼需要了解作物生长发育的特性，以便适时适量地浇水施肥，教育学生也需要深入了解每位学生的个性特点，从而选择恰当有效的教育方法。过去，我常常为给学生选择合适的奖品而烦恼。阅读了魏老师关于班级管理的教育智慧后，我如获至宝，在班级管理方面得到了宝贵的指导。特别是书中的一句话“了解学生，投其所好”，让我豁然开朗。我随即在班级中推出了“每日展示”活动，从周一到周五，每天有三名学生分享自己对学习、对他人或对班级的看法，而参与分享的学生在周末还能参与抽奖，赢取小礼品。起初，只有那些性格外向、活泼的学生愿意上台发言，但在我的持续鼓励下，越来越多的学生，包括那些平时害羞、不太愿意公开发言的同学，也开始主动报名参与。看到这些孩子勇敢地走上讲台，清晰、完整地表达自己的想法，我感到非常欣慰。一个简单的兑换和抽奖活动，让每位同学都充满期待。在轻松愉快的氛围中，他们消除了一星期的疲惫。当看到同学们兑换到自己心仪的奖品时，我由衷地为他们感到高兴。

第三，信任、尊重和鼓励每一位学生。在聆听了魏老师的报告后，我进一步认识到，渴望被理解与信任是人的一种基本需求。作为班主任，我应当亲近学生、尊重学生。因此，我将在学习上耐心引导学生，在生活中热心关怀学生，经常与他们交流，了解他们的思想动态，抓住适当的时机，给予他们尽可能多的表扬和鼓励，多为他们提供改正错误的机会，帮助他们树立自信心，使他们在快乐中成长、在快乐中学习。教师一旦与学生建立了信任与尊重的情感桥梁，师生之间的交流将变得更加密切，师生关系也会更加融洽。在这样融洽的环境里，我相信我和孩子们将共同成长、不断进步。

魏老师的报告对我来说就如同丰盛的精神盛宴。在以后的教育教学工作中，我将以此次交流会为基石，深入学习和领会魏书生教育教学中的民主与科学管理策略。我坚信，在魏书生老师的启发下，我定能助力学生塑造更加辉煌的未来。

好习惯成就好人生

唐县启明高级中学　张　宣

习惯是一种力量，可以成就一个人的人生。好的习惯，可以让我们在人生路上事半功倍，可以让我们在茫茫人海中脱颖而出。良好的习惯包括热爱劳动、勤奋自律、团结互助……培养良好的习惯，可以使人生之路更加平坦；而不良习惯则会使人生道路更加崎岖。因此，培养良好的习惯是实现美好人生的前提。

习惯贯穿于我们的日常生活中，只需细心观察，便能发现它们无处不在。在充满活力的启明高中，无论是在明亮的教室还是在宽敞的操场，到处都有养成良好习惯的学生。每当晚自习结束，总能看到韩柏骏同学的身影。他手持扫帚，一丝不苟地清扫着教室的每一个角落，直至教室变得一尘不染才返回宿舍休息。常言道："不扫一屋，何以扫天下？"他的行为正是这句话的生动体现。热爱劳动是我们中华民族的优良传统。韩柏骏同学的行为，不仅为同学们树立了榜样，也为自己创造了一个良好的学习环境，极大地促进了个人能力的提升。由此可见，劳动是一种良好的习惯，是成就事业和人生的基石。只有从小事做起，在劳动中体验和磨炼，才能为承担更大的责任做好准备。

晨光缓缓揭开序幕，空气中飘荡着如轻纱般的薄雾，启明学子们陆续起床，迎接新的一天。此时，赵校长早已在教学楼中等候着同学们的到来。每当有学生经过她身边向她问好时，她总是面带微笑地回应，并鼓励大家认真对待新一天的学习。这种勤奋自律的习惯，对赵校长而言，是她自觉而从容的人生态度的体现。我们应当向赵校长看齐，培养勤奋、自律的品质。从另一个角度看，赵校长对学生的教导有助于学生规范行为，但真正的成功源于自我约束而非外界的强制。自律意味着通过自觉行动实现自我控制。同学们每天不懈地努力学习，这不正是自律的体现吗？“梨虽无主，我心有主。”自律的学生懂得为自己的学习负责，为自己的未来掌舵。《礼记》中说道：“物格而后知至，知至而后意诚，意诚而后心正，心正而后身修。”不放任自我，拥有强大自我控制能力的人，注定会在自己的领域内取得卓越的成就。

一朵孤云无法装点天空的壮丽，一片树叶亦无法让森林喧闹。学校是一个庞大的集体，我们每个人都是这个集体不可或缺的一部分。只有在团队的支持下，我们才能拥有无穷的力量。“人心齐，泰山移。”在启明高中的运动会上，若非同学们的齐心协力和团结互助，团队的力量便无法得到极致的发挥，更谈不上取得优异的成绩。因此，培养团结互助的良好习惯至关重要。正如古语所言：一花独放不是春，百花齐放春满园。

当然，培养良好的习惯并非易事，必须有针对性地进行习惯养成。制订切实可行的计划是培养好习惯的关键。我们可以从以下几个方面着手制订计划：

首先，关于时间管理。我们需要为培养各种良好习惯预留出固定的时间段，以确保有足够的时间去实践。

其次，关于方法和策略。针对具体目标，我们需要寻找最适宜的方法和策略。例如，提升语文能力可以通过积累文言文词汇、增加阅读量等方法来实现。

最后，关于进度监控。我们需要实时跟踪自己的进步情况，以便及时发现问题并调整计划。

综上所述，良好的习惯是通往成功和享受生活的关键保障。培养良好习惯，要求我们不断地自我反省和自律，始终保持对美好生活的向往。正如古语所言：“积千累万，不如养个好习惯。”播种行为将收获习惯，播种习惯将收获命运。让我们从现在开始，努力养成好习惯，创造美好的人生吧！

好习惯 好人生

唐县启明中学 张紫莹

金秋送爽，在 10 月 17 日至 20 日，我有幸参加了第二届培养良好习惯交流会暨教育创新发展论坛。为期两天的会议中，我收获颇丰。

此次论坛对班主任工作尚不“老练”的我来说，举办得非常及时且很有必要！众多教育专家慷慨分享他们的经验和智慧，为我们学校的教育发展贡献了宝贵的建议和建设性的意见。

给我留下深刻印象的，是此次论坛邀请的嘉宾之一——魏书生先生。魏书生先生是我国当代杰出的教育改革家，他的自育自学、民主科学管理等教育理念在中国教育界广为流传，影响深远。他强调学生应养成制订计划、预习、适应教师教学风格、自主布置作业、自编考试题目、整理错题集、筛选资料和总结学习经验等良好习惯。这些简明扼要的习惯极大地提升了学生的自主学习能力。此外，魏老师还提出了“七个一分钟”的教育理念：一分钟家务劳动、一分钟日记、一分钟唱歌、一分钟挺胸抬头、一分钟专注训练、一分钟阅读课外书籍、一分钟演讲。

我未曾料到，良好的习惯竟然能显著减轻班主任工作的压力。以我个人经历为例，初接手七年级（35）班时，我的内心充满了忐忑，甚至不时涌现出自我怀疑的情绪：“作为一名仅有一年教龄的大学毕业生，尽管我对班主任工作流程有所了解，但在经验上却极为匮乏，我真的能够成为一个让学生信服、班级成绩卓越的优秀班主任吗?”我常常设想一些棘手的问题，但每次都得不到满意的答案。从军训开始，我便严格要求班级的卫生和纪律，并采取先示范后模仿的教学方法，鼓励学生相互学习、互相帮助、相互提醒、共同进步。在这种积极的班级氛围中，学生们变得热心助人，并且彼此间的情感日益增进，学习成绩自然也逐渐提升。然而，于我而言，班主任工作犹如坐守办公室，却要应对一件接一件突如其来的事务，我感到身心俱疲。后来，尽管我不断要求学生努力学习，但课堂状态却无法恢复到以前的状态。老师提出要求，学生却不遵从，作为班主任，我究竟该怎么办？这个问题整整困扰了我一个月。期中考试结束，我们班的成绩骤然下滑至第七名。这促使我开始深刻反思。

最终，我的困惑在年级干事小张分享的一个视频中得到了解答。那是一个平凡的日子，张干事在执行查宿任务的过程中，发给我一个视频。我原本以为可能是学生在床铺或卫生方面出现了什么严重问题。带着些许不安，我小心翼翼地打开了视频。然而，映入眼帘的却是平整的床单、方块般的被子。我不禁在心中赞叹了一声。原来，我们班的孩子们并非无法完成老师布置的任务，只是我之前没有深入检查、落实情况。如果我在查宿时更加严格一点，甚至有点“挑剔”，学生们可能就会给我带来惊喜。那一刻，我终于深刻理解了“宝剑锋从磨砺出，梅花香自苦寒来”的真谛。

魏书生先生提出的“学生自我管理”策略，是一项极具实用价值的教育方法。人们在被迫做事时往往会感到不情愿和抵触，即使勉强遵从，效果也往往不尽如人意。因此，在我组织小组活动时，我以小组长为核心，配备一名副组长作为支持，确保每个小组成员都能负责一个科目，让每位学生都有机会体验“领导”的角色。这样的安排使得组员能更积极地协助小组长，明白如何尽其所能地支持小组长的工作。事实上，学生们比我预期的更加聪明，在我没有特别要求的情况下，小组长已经开始自发地“辅导”那些需要额外帮助的同学，让他们参与讲解题目和解答问题，甚至设计小测验来检验他们对知识点的掌握程度。这是多么令人欣喜的现象啊！

每年的班主任工作都面临新的挑战，老师必须应对各种不同的工作环境和学生个体的问题。然而，其核心职责始终如一：抓细节、抓纪律、抓落实。在众多教育专家的启发下，我班逐渐展现出积极的变化。在老师的引导下，学生们学会了自我管理、自行安排任务，并设定个人目标。他们的自我管理能力日益增强，学习成效显著提升，班级的学习氛围也达到了新的高度！

在本次论坛中，刘秀祥先生给我留下了深刻的印象。尽管最初听到这个名字时，我感到陌生，但屏幕上播放的关于他的影片立刻唤起了我对他的记忆。记得在学生时代，我从新闻报道中得知一位大学生背着患病的母亲踏上了求学的旅程。那时，我便对这位素未谋面的青年怀有深深的敬意。直到亲眼见到新闻中的主人公站在我面前，那种震撼和难以置信的感觉至今难以用言语表达。刘秀祥先生虽然出身贫寒，但他并未向逆境屈服。他背着母亲千里迢迢上大学的故事激励了无数人。更令人敬佩的是，大学毕业后，他没有选择留在机会更多的大城市，而是为了乡村孩子们的未来，决定留在家乡，致力于家乡的建设。他的人生经历告诉我们："走出大山，不应该是为了逃离大山。"他证明了，人生中没有克服不了的困难，不放弃、不抛弃，这才是通往成功的唯一法则。我们无法选择自己的出身，但我们可以改变自己的心态。刘秀祥先生的故事有力地证明了"读书改变命运，好习惯成就人生"！

借助集团的平台，我们可以汲取优秀教育家们宝贵的教育教学经验。我们是幸运的一代，能够站在巨人的肩膀上教育我们的学生。用一句古语来形容，便是"幸甚至哉"！

好习惯成就幸福人生

唐县启明中学　戎彦梅

习惯是一种素质，它能体现一个人的修养。良好的习惯能够带来幸福和快乐，而不良的习惯则可能使人陷入消极的深渊，与幸福渐行渐远。

以发现美的视角观察周围的人和事，是提升幸福感的良好习惯。相反，如果总是用放大镜去审视周遭的不足，可能会引起厌恶感，滋生消极情绪。在极端情况下，这甚至可能导致焦虑、抑郁，并引发不良的心理暗示，从而在身体上表现出各种不适。几年前，由于疫情的反复，我们不得不转向线上教学。对于初中生而言，普遍存在自主性、自控力和主动性不足，这导致他们在上课时可能会出现聊天或做与学习无关的事情。有的老师能够冷静和耐心地教学，而有的老师则可能在课堂上情绪激动。我属于后者。那些心态平和、保持冷静的老师不仅能够顺利完成教学任务，还能在学生心中树立起积极的形象，并与学生建立起良好的关系，成为学生喜爱的好老师。对于教师而言，保持一颗平常心，不因外界变化而过度喜悦或悲伤，幸福指数也会相应提高。然而，我常常只关注那些难以管理的学生，并过分关注他们的缺点，担心他们会影响整个班的氛围，甚至将问题想象得过于严重，自己也变得焦虑不安，像热锅上的蚂蚁一样。我用冷言冷语批评学生，不仅没有达到预期效果，反而让学生产生了抵触情绪，打乱了教学计划，教学内容未能完成，学生的成绩也受到了影响。后来，有位老师劝我："用放大镜看别人的优点，用显微镜看自己的缺点，用广角镜看生活，用望远镜看未来。"前几天，我遇到了一位难以管教的学生，他甚至与我针锋相对。那一刻，我怒火中烧。然而，当我冷静下来，反思自己的行为时，我意识到自己的做法确实有欠妥之处。在课间休息时，我没有对他大发雷霆，而是简单分析了情况，并留给他一个小任务后让他离开了办公室。我自己也不再生气，心情变得比之前轻松了许多。事后我发现，这名学生并非我想象的那么糟糕，而是我自己放大了他的缺点，让冲动蒙蔽了我的双眼。作为一名教师，如果缺乏发现美的习惯，说明自己的修养还有待提高。我应该学会用放大镜去观察别人的优点，将不满转化为欣赏，将讨厌变为接纳，将怨恨变为喜爱。我要学会发现身边的美好，提升自己的修养，让发现美成为自己的习惯。

积极乐观的心态是一种持续产生正面影响的重要力量，保持这种心态是我们日常生活和工作中的重要习惯。每个人的快乐与悲伤，都源自他们看待世界的方式。如果心中缺乏阳光，我们便难以察觉到阳光的灿烂；如果心中没有花香，我们也难以感受到花朵的芬芳。

我曾经是一个心态偏向消极的人，总是预先设想最糟糕的结果，并为此做好心理准备，自认为是在防患于未然。然而，随着时间的推移，我意识到这并非真正的未雨绸缪，而是习惯性地先考虑负面结果。在与人交流时，我也倾向于抱怨自己所见的不愉快之事。这让我失去了快乐，有时我甚至会感到自己与周围的人格格不入，逐渐沉溺于消极情绪之中，并且连我的言辞也充满了消极色彩。一个缺乏积极乐观心态的教师，又怎能培养出积极乐观的学生呢？我所教的班级中出现心理问题的学生相对较多，这让人感到困惑。今天，我终于认识到了自己的不足：我太消极了！

带着消极的心态工作会感觉很累，而且没有成就感和幸福感。有一天一位老师说："真麻烦，总做无用功。"虽然当时我也有同感，但我还是放下了心中的杂念，全身心地投入工作。这让我深刻体会到，积极的心态能让我们在繁忙的工作中感受到一丝清新，让我们疲惫的身心得到释放，让我们的心态焕然一新。学生考完化学见到我说："老师，完了！"我的心咯噔一下，班里名列前茅的学生怎么突然说了这样的话呢？课间了解事情原委后，我发现结果可能不像她说的那么严重，便安慰她："一空可能失了分，只是一分，影响不大，怎么就完了呢？"她开心地笑了笑，离开了。我没有往不好的方面想，学生的担忧消失了，她面对考试的压力也会有些许减少吧。当一个人用乐观的态度去面对事情时，处理问题的方式也会变得温和，烦恼自然会在微笑中消散。

生活不仅有眼前的苟且，还有诗和远方。我们应该发现并培养身边的良好习惯，同时反省并改正自己的不良习惯。愿每个人都能培养好习惯，收获幸福人生。

好习惯受益终生

唐县六一小学　窦瑞娴

习惯是什么？习惯是一种看不见的力量，是在不知不觉中养成的。

学生学习成绩的好坏，不仅与学生的智力有关，还与学生的习惯有关。所以俗话说：“与其给孩子金山银山，不如教给孩子好习惯。”

当代著名教育家魏书生说过：“教育就是帮助人养成良好的习惯。”因此，在班级管理过程中，班主任应专注于培养学生的良好学习和生活习惯，致力于培育学生的优秀素质。班主任应成为学生的引路人，努力营造一个轻松愉快的班级环境，并通过严格的班级纪律，为学生良好习惯的养成创造有利条件。

第一，良好的班风是学生形成良好行为习惯的基石。班风体现了班级的独特风貌，它是班级大多数学生在言论和行动上所展现出的精神状态的共同趋势或特征。优秀的班风是一种无形的教育力量，能够潜移默化地影响全班同学的思想和行为。在我刚开始负责五（4）班时，为了营造一个积极向上的班级风气，我将班级命名为“集贤班”，并为每个小组设计了激励性的口号，以此激发孩子们的学习热情。我每天向孩子们传递正能量，用积极向上的语言引导他们，并加强思想道德教育。

第二，充分的尊重是学生养成良好行为习惯的基础。教育过程涉及教育者与受教育者之间的心理碰撞、交流与对话。只有双方的心理需求相吻合，心理交流才能畅通无阻，情感才能交融，从而使教育效果事半功倍。心理相容的关键在于师生之间相互尊重、信任与理解。在对待学生时，我坚持一视同仁，对学习有困难的学生和行为有问题的学生不讽刺、不歧视，反而给予更多的关爱，帮助他们建立自信。对于单亲家庭和留守儿童，我会给予更多的关注。由于这些学生平时行为习惯较差，我会利用榜样的力量，让表现优秀的学生带动他们。同时，作为教师，我深知自己的行为举止对学生具有示范作用。因此，在处理问题学生方面，我努力让学生心悦诚服，从而培养他们良好的习惯。我班上有个杨同学，他非常顽皮，在家被爷爷奶奶宠爱、父母溺爱，上课不专心听讲，影响周围同学，下课后在教室里异常活跃，影响了整个班级的秩序。尽管如此，他却非常聪明，学习成绩优秀。我多次与他进行深入的交流，为他树立榜样，引导他学会自我控制。同时，我也与他的家长保持沟通，实现家校合作。渐渐地，他的自律性有了很大的提高。

第三，养成“事事有人做，人人有事做”的行为习惯，同时注意个人卫生和环境卫生，给学生营造良好的学习氛围。教师首先要从自身做起，身体力行。身教重于言教，教师自觉拾起一片废纸、扶正课桌椅等行为会潜移默化地影响学生，促使他们自发地坚持学习。我会不定时进入班级进行检查，并每周进行一次评比。在每个大周期结束时，我会对表现优秀的学生进行奖励。小学生具有强烈的集体荣誉感和竞争意识，积极性高涨。通过学生之间的相互监督，我们形成了好事有人评、坏事有人管、事事有人管、人人都为集体争光的良好风气，从而使学生养成了良好的行为习惯。

第四，持之以恒、坚持不懈，是促进学生培养良好习惯的重要法宝。在行为心理学领域，人们将新习惯或理念的形成并巩固至少需要 21 天的现象，称为“21 天效应”。这意味着，一个动作或想法，若连续重复 21 天，便会转化为习惯性的动作或想法。正如“冰冻三尺，非一日之寒”，学生良好行为习惯的养成并非一朝一夕之事，而是通过一系列事件、活动、课程以及日常细节的长期熏陶逐渐形成的。通过持续的宣传和实践，学生将逐渐理解并熟悉校纪和班规。在教师的提醒和引导下，大多数学生能够从最初的被迫遵守转变为习惯遵守，最终通过不断实践，将这些习惯内化为自觉的行为。

教育的真谛可浓缩为一句话：培养好习惯。这些习惯不仅助力班主任更高效地管理班级、服务学生，而且推动学生全面发展与个性化成长。显然，这些习惯的养成需要班主任在日常工作中不断探索、反思与完善，不断提升个人的专业素养和管理技能。让良好的习惯成为我们人生旅途中的明灯，照亮前行的道路，引领我们不断攀登，终身受益。

好习惯成就好人生

唐县六一小学　张献红

“人生，是一条路，也是一个舞台。它只能一个人走，却要完成多种身份的塑造。三尺讲台、一方教室，是一片小天地，而要在小天地中打开广阔的天空，却需要相当的艺术。”

这是魏书生老师在《班主任工作漫谈》中的一段话。今年，诺亚集团如期举行了第二届培养良好习惯交流会暨教育创新发展论坛，我再次聆听了魏老师的报告，这种感觉更加深切。

以前的我，总觉得当了班主任，心力交瘁——班级纪律要维护，班级卫生要督促，学生早操要到场，学生纠纷要调解……总之，事必躬亲，忙得不可开交。虽然从表面上看班级井然有序，但这背后是以我的劳累为代价的。我一直在思考：有没有什么方法可以让这份既辛苦又繁重的工作变得轻松愉快呢？

在本次交流会之后，我的观点发生了转变。魏书生老师以其朴实无华且流畅的语言，结合众多生动且感人的案例，深入浅出地展示了他那独树一帜的班主任工作经验以及班级管理的具体策略。他让我领悟到如何运用科学的视角和方法，去认识自我并实现自我转变，去理解并引导学生，以及去认识我们所投身的教育事业，并致力于推动其改革。

一、多改变自己，少埋怨环境

我们常常会遇到各种不尽如人意的环境，面对这些情况，我们是选择抱怨还是迎难而上？魏老师的观点是：我们应当首先从改变自己开始。如果我们将七分的精力用于抱怨和指责环境，可能不会有任何效果，甚至有时会适得其反，助长别人的愚昧和自己的野蛮，但只要省下七分力气中的一分，用来改变自己，就能使自己发生变化。魏先生通过自己的努力，最终成为一名教育家。在我们的日常生活中，每一位教师都可以效仿他的做法。抱怨是无济于事的，关键在于改变自我。

人应当学会自我革新。今天的我应该比昨天的我拥有更深刻的认识、更全面的发展和更强的能力。

二、民主科学的管理思想

在学生的心目中，班主任的地位是至高无上的。正如魏老师所言，许多事情我们无法选择，但我们能够选择对待它们的态度。只要我们全力以赴、问心无愧，积极应对学生的实际情况，终将看到学生的成长与进步。魏老师的某些方法也给了我诸多启示。他的教学和班级管理始终以引导学生如何做人为核心。一旦学生掌握了为人之道，许多问题自然迎刃而解。

魏老师经常说："凡是学生能干的事，班干部不要干；凡是班干部能干的事，班长不要干；凡是班长能干的事，班主任不要干。"他认为民主管理提高了学生对管理的认识，最大限度地调动了学生参与管理的积极性。

在做出每一项决策时，魏老师总是会与学生进行商讨，并在大家举手表决后，才会执行这些决策。这种商讨体现了教育民主的精神。学生需要我们的认可和尊重，因此，班级事务应尽可能让学生自己完成，以彰显他们的主人翁意识。这一点，是我所缺乏的。我常常试图独自完成许多事情，结果自己疲惫不堪，班级管理也未见成效。在科学和民主的管理模式下，班级管理井然有序：有的学生负责卫生，有的学生负责做操，有的学生负责字词默写……每项事务都有相应的学生负责到底。这样，就形成了由班主任、班干部和学生组成的三级管理网络，实现了全员参与管理。例如，仅需 15 分钟即可完成大扫除，2 分钟内全班即可完成座位调动……这些具体实例都给我留下了深刻的印象，并启发我不断思考和探索处理各种班级事务的方法。

三、以身作则，为人师表

为人师者，就要处处为人师表，注重自己的一言一行，做学生的楷模，用自己的一言一行去感染和带动学生。我们应当发掘每个孩子的潜力，让他们的内心充满阳光。教师的每一个动作、每一句话语都对他们产生着深远的影响。实践证明，在教育过程中，我们必须首先正己，时时刻刻成为学生的典范。要教育学生遵守纪律和法律，教师自身就不能有违法乱纪的行为；要教育学生不畏艰难、不惧劳苦，教师必须亲自实践，身先士卒，成为学生的领路人。否则，即使我们说得再动听、再有道理，也难以取得预期的教育效果。

四、信任学生、尊重学生、鼓励学生

魏老师说，做老师的不要轻易发火，更不能讽刺、挖苦学生。苏霍姆林斯基也曾感叹："从我手里经过的学生成千上万，奇怪的是，留给我印象最深的并不是无可挑剔的模范生，而是别具特点、与众不同的孩子。"渴望被理解、渴望被信任是人们的普遍需求。特别是对于班级中的后进生，他们更需要额外的理解、信任与鼓励。作为班主任，对待这些学生应避免歧视和讽刺，而要展现出耐心的教育态度。在学习上给予他们耐心的引导，生活中则给予他们热情的关怀。经常与他们进行交流，深入了解他们的思想状态，并在适当的时刻，给予他们尽可能多的表扬和鼓励，为他们提供改正错误的机会，帮助他们树立自信。这样，他们会体会到在快乐中成长、在快乐中学习的愉悦。

聆听魏老师的报告，无异于享受了一次精神盛宴。展望今后的教育教学工作，我将以这次交流会为契机，深入学习魏书生老师的教育教学理念。我坚信，在魏书生老师方法的指导下，我们定能培养出更多优秀的学生，为他们的人生奠定坚实的基础。

养成好习惯的心得体会

唐县启明中学　刘　凤

参加第二届培养良好习惯交流会暨教育创新发展论坛，我有幸第二次见到魏书生先生。他的想法和事例更加新颖，使我受益匪浅。这次，我有幸向魏老师倾诉了本学期的烦恼。魏老师的“乐在教中”教育思想深深感染了我，他简短的几句话让我茅塞顿开，指明了我今后前进的方向，拨开了我眼前的迷雾。

叶圣陶先生也曾经说过：什么是教育？简单一句话，就是要养成良好的习惯。习惯养成虽不是教育的全部，但在教育中占有重要的地位。我们只有抓好习惯养成教育，才能促进学生终身发展。

一旦一个人养成良好的习惯，他将终身受益于这些习惯。良好的习惯会伴随人的一生，并在每个时刻、每个场合发挥其积极作用。

学生们大多活泼、开朗、能言善辩，这些优点在一定条件下也可以转化为他们的缺点，如随意、马虎、做事缺乏恒心，成为他们学习上最大的障碍。尽管已是初中生，部分学生仍旧做事不认真，学习时无法集中注意力，缺乏面对挑战的坚定意志和自信，有时甚至为了逃避责任而撒谎。作为教师，我深知自己肩负着教育学生的重任。如果仅限于批评、惩罚、说教、交流和鼓励，这些做法无法对他们产生持久和深刻的影响，这也不是我所追求的教育方式。我相信，只有帮助学生培养良好的习惯，才能对他们产生持续、逐步和深远的正面影响。

在阅读了魏老师的著作《好学生，好学法》和《班主任工作漫谈》之后，我进行了深刻的思考和自我反省。显然，解决学生问题的关键在于习惯的养成，而一个人的优秀品质并非一蹴而就，而是通过日常的每一件小事、每一次活动、每一堂课，经过长时间的潜移默化而逐渐形成的。中学生的日常行为习惯正处于塑造阶段，具有很大的可塑性和可变性。因此，如何更有效地培养学生的良好行为习惯呢？以下是我校开展相关课题研究以来，我对于我班学生行为习惯养成教育的一些工作体会。

一、以身作则，表率在先

在学校中，班主任与学生接触时间最长，对学生的影响也最为深远。因此，要规范学生的行为，首先应从规范自身行为做起。作为班主任，我要求学生讲文明、懂礼貌，而我则首先尊重每一位学生的个性，避免使用挖苦或讽刺的语言。我教育学生热爱劳动，经常与他们一同打扫卫生。在培养卫生习惯方面，我们班起初存在不少问题，教室内常有随手丢弃的垃圾，学生们似乎对此视若无睹。尽管老师曾严厉批评，但效果仅能维持一两天。于是，我开始亲自捡拾垃圾、打扫教室卫生。渐渐地，一些学生也开始加入进来，帮助我保持环境卫生。我便主动表扬他们，并向他们解释：一个窗明几净的教室能让同学们心情愉悦，提高学习效率。即使学生们可以视而不见，我作为老师却无法做到。就这样，我的一举一动逐渐成了一种潜移默化的教育方式，起到了润物细无声的作用。

二、指导思想在先，行为习惯在后

培养良好的行为习惯，核心在于养成教育，必须遵循“从他律到自律”的原则。这需要持续不断的努力，不能急于求成，而应让学生在实践中体验、在活动中感悟。

三、以目标为导向，制订有实用的计划

针对学生的年龄构成和心理特征，我们班设定了三个主要方面的学生行为习惯培养目标，包括卫生习惯、行为规范以及学习习惯。

四、抓好行为习惯养成教育的具体做法

第一，明确职责，培养习惯。自初一开始，我便在全班推行“人人有事做，事事有人做”的原则。我让学生们明白，在集体中，每个人都是“主人”，他们拥有为集体贡献自己力量的权利与责任，集体的荣耀与耻辱和每个人的表现息息相关。我告诉学生，他们的一次小失误都可能给集体招致批评和耻辱。反之，他们的一点点进步和努力都能为集体赢得赞誉和荣誉。因此，每个人的行为都关乎集体的荣辱，只有当每个人都养成良好的行为习惯时，集体才能享有更多的荣誉。

在集体中，每项任务都有明确的责任人，这不仅有助于老师更高效地管理，还能培养学生的责任感。因此，我与学校领导协商，对学生进行了岗位分配。当每个学生都明确了自己在集体中的角色和职责后，他们便能清楚地知道自己应该承担什么任务，以及如何执行。只有当学生在集体中承担起一定的责任时，他们才会感到更强的归属感，从而充分调动他们的积极性。例如，在维护教室卫生方面，我为每个学生分配了具体的责任，确保责任到人，真正做到了“学生能做的事情，班干部不做，班干部能做的事情，班长不做，班长能做的事情，班主任不做”。既培养了责任感，锻炼了能力，也有助于良好习惯的养成。

鉴于学生年龄较小以及性格上的差异，不可避免地会有一些学生不能承担起自己的责任，因此，在分配任务之后，所有同学不仅需要坚守自己的岗位，还应相互监督和提醒，以实现互助合作、共同成长的目标。

为了确保这一过程的顺利进行，建议每周日的班会中安排一段时间，由班委和组长汇报一周来学生岗位工作的执行情况，肯定做得好的地方，指出不足，并明确下一周的改进目标。一位教育家曾经说过：要尽可能多地尊重学生，也要尽可能多地对学生提出要求。

第二，树立榜样，带动整体。对于班级中自觉遵守纪律、热爱学习的同学，我们应予以热烈的表扬，并鼓励他们继续严格要求自己，以取得更高的成就。同时，我们应在学生中树立学习的典范，让这些同学发挥榜样的力量，

激励其他同学共同进步。例如，马泽浩、李曼奇、宋依苒等同学已经成为同学们心目中的劳动模范；李添鑫、马鑫优等则是勤奋学习的典范。我注意到每位学生的每一点进步，并对此表示肯定和赞扬，特别是对于那些个性鲜明的学生，我更是给予特别的关注，因为他们的行为往往会对其他学生产生深远的影响。以刘同学为例，她平时表现得大大咧咧，无论是学习还是做事都显得有些随意。然而，在开学初的劳动课上，我注意到她表现得非常投入，将瓷砖擦得一尘不染，之后还仔细地用洗洁精清洗抹布，并且精心照料教室里的绿萝。她的这种有计划、有毅力的行为对她来说实属不易。在大扫除结束后，我在白板上写下“表扬刘××认真做卫生”的字样，并向全班展示了她洗过的毛巾，分享了她的事迹，以此树立了一个积极的榜样，并鼓励所有同学向她学习。在那一刻，我看到了孩子脸上那灿烂的笑容，这无疑成了她学习和生活旅程中的一个新起点。经过一学年的努力，刘同学在学习和纪律方面都有了明显的进步。

孩子上学之后，家长的主导地位会逐步被老师取代。有句话说：教师是人类灵魂的工程师！孩子们有时可能不愿意听取家长的建议，却更倾向于接受老师的指导。因此，教师成了学生最直接、最具权威性的榜样，对学生习惯的养成具有至关重要的影响。教师应当助力学生培养良好的习惯，为他们美好的未来打下坚实的基础！

习惯养成　成就人生

唐县启明中学　王　洁

古希腊哲学家苏格拉底说过："好习惯是一个人在社交场中所能穿着的最佳服饰。"教育家魏书生说过："好习惯会让我们事半功倍。"叶圣陶先生说，习惯的力量是伟大的，它可以使我们成为一个有纪律的人。这些名人的话语都在向我们强调习惯的重要性。

作为一个老师，我常常因为优柔寡断而影响了工作效率和教学质量，错失了许多良机。就在前几天，课前的一次校内例会中，我们讨论了课程改革的相关事宜。赵校长明确指出，课程改革是大势所趋。这让我感到迷茫，我开始怀疑自己的教学方法，不确定是应该维持传统教学模式，还是尝试小组合作的新方式。时间在犹豫不决中悄然流逝。直到上课铃响起，我才下定决心要遵循课改的方针。然而，课后我发现学习效果并不理想，这可能是因为我准备不足。尽管我试图说服自己，只要学生有所收获即可，但内心深处总有一种不安，因为犹豫导致了我工作效率的降低。在学校开展的研训活动之后，我明白了应该如何行动，那就是要养成"今日事今日毕"的良好习惯，以此来提升工作效率和教学质量。

此外，在日常学习中，习惯对学生们来说至关重要。从上课专注听讲到课后仔细完成作业，每个细节都反映了学生的习惯。优秀学生与成绩较差的学生之间的差距，并非源于家庭背景或智力差异，而是他们不同的学习习惯。优秀学生每天都会整理笔记，复习所学知识，记录错误题目。而成绩较差的学生可能只是草率地应对。养成肯思考、善钻研的好习惯，何愁学业无成呢？良好的习惯是通往知识海洋的风帆。

在我们的校园中，也存在一些不良习惯。例如，有些同学在吃完东西后随手丢弃垃圾，这不仅给校园环境带来了问题，也不利于个人良好习惯的养成；还有同学不整理自己的书籍资料，导致需要时找不到，从而耽误了学习时间。

总而言之，良好的习惯确实能够为我们的生活带来积极的影响。只要我们持之以恒，相信每个人都能体验到良好习惯所带来的诸多好处。让我们拥抱良好的习惯，迎接美好的人生！

好习惯　好人生

唐县启明中学　王少帅

来到启明中学已经四年了，在这里培养的诸多良好习惯，让我成长了许多。“习惯”这两个字，对我们每个人来说都不陌生。“好习惯”是我们经常挂在嘴边的，但在阅读了魏书生老师所著的《习惯的力量》之后，我深受触动。习惯不仅影响我们的工作、生活、事业，甚至影响我们的人生。

2020年初，我踏入启明，虽然不至于完全懵懂，但面对教学工作确实感到无从下手。在李校长的悉心指导下，我开始规划自己的工作。如果说生命是一座五彩缤纷的百花园，那么良好的习惯便是其中盛开的一朵美丽小花。它的果实对生命的成长具有深远的影响，正如鸟儿偶尔带至荒岛的一粒树种，这微不足道的种子，往往能孕育出覆盖整个荒岛的森林，成为改变荒岛命运的关键。的确，一切应从培养习惯开始。对于年轻人而言，早起往往是最艰难的挑战。于是，我强迫自己每晚10点就寝。坚持了一个多月后，我的睡眠质量有了显著提升，早起也不再那么痛苦。在课堂上，我能够精神饱满地授课，身体不再感到疲倦，教学成绩也随之显著提高。

常言道：“干一行，爱一行。”如果将生命比作一片生机勃勃的原野，那么良好的习惯便是这片原野上悄然开辟的一条心灵之路。有了这条路，我们便不会在漫长的岁月中迷失自我；有了这条路，我们便能自由地探索理想之国，一天比一天更接近我们向往的新生活。相较于学生，成年人在表达和理解方面自然更为成熟。起初，我对于学生的拖沓行为感到难以忍受，常常责备他们，但这种做法的效果并不理想，久而久之，学生们也变得麻木。于是，我开始向经验丰富的班主任和领导虚心求教。我注意到，他们都有一个共同的好习惯：认真分析每位学生，并为他们建立个人档案。最重要的是，他们会针对学生的不足进行深入的交流，耐心引导，细致地教导。我从中学到了很多。在这样的习惯驱使下，我也取得了成功，成了学生们的“老大哥”。

在这里工作了几年，我不仅感到生活变得更加充实，身体状况也有了显著的改善。众所周知，生命在于运动，而在这里，我不仅理解了这一点，还亲眼见证了它的实践。在严寒的冬日，孩子们奔跑着，脸颊因运动而变得红润；在酷热的夏季，他们也不畏惧汗水如雨般流淌。校长和单主任两位更是以身作则，坚持锻炼。他们每日不懈地努力，让我领悟到了“近朱者赤，近墨者黑”的真谛，也激发了我锻炼身体的意愿。如果说生命是一首激越高昂的乐章，那么良好的习惯便是这首乐章中用希望的音符谱写的迷人旋律。随着这旋律的响起，我们能感受到生活的节奏之美；随着这旋律的回荡，我们内心深处便会涌现出一股推动自己不断前行的力量。

有一个旅行者，他每到一处，总是习惯性地寻找那些独特的小石子作为纪念。有一次，他在一座山下的一条冰雪融化后汇聚成的溪流里，捡到了一颗硕大的钻石。是的，好习惯就是让我们不断发现成功钻石的寻宝图，是一本在生命银行里不断扩展我们人生价值的存折。如果我们养成脚踏实地的好习惯，做任何事都认认真真，“大钻石”离我们还遥远吗？

一个人的自发行为逐渐演变为习惯，而这些习惯又会反过来塑造他独特的个性。因此，那些热爱阅读和思考的人，收获的是知识和智慧；那些习惯于为他人着想的人，收获的是快乐和幸福；那些面对事情总是保持积极态度，习惯于乐观看待的人，收获的一定是事业的成功和人生的辉煌……

每个人都渴望成功，而成功绝非偶然。成功者与平庸者之间的显著差异，往往体现在各自的生活和工作习惯上。一本书中写道：“行为变成了习惯，习惯养成了性格，性格决定命运。”在很大程度上，正是各种不同的习惯塑造了截然不同的人生。每个人的独特习惯，要么让你停滞不前，要么让你勇往直前。培养好习惯，是从平凡迈向卓越的转折点。那么，何为良好的习惯呢？它是一种坚持不懈的品质，能够修正你的缺陷，磨炼你的性格，提升你的素质，帮助你坚定地沿着正确的道路前进，从而超越平庸，脱颖而出。一旦养成了好习惯，就好像掌握了实现目标的诀窍，它将伴随你走向成功人生的每一个阶段。作者在书中指出，克服不良习惯并非如人们所想象的那样痛苦和艰难。实际上，只需 21 天，用积极的行为取代消极的行为，例如用晨练取代睡懒觉，良好的习惯便能养成。实际上，21 天并非一个固定不变的数字，它传递的信息是：只要行动起来，习惯的力量将引导命运之舟驶向成功的彼岸。

成功者往往拥有一些共同的特质，这些特质源于他们基于良好习惯建立的日常行为模式。他们并不比其他人更聪明，但正是这些好习惯，使他们显得更加有教养、知识渊博、能力出众。他们并不比一般人更有天赋，然而，良好的习惯却使他们训练有素、技巧精湛、准备充分。成功人士并不一定比普通人更有决心或更加勤奋，但是良好的习惯却放大了他们的决心和勤奋，使他们更加高效、有条不紊。

《习惯的力量》中说："我们每天高达 90%的行为出于习惯。"换句话说，如果我们能够识别并摒弃不良习惯，同时持续培养良好的习惯，那么在人生的旅途中，我们至少能够获得 90 分。关键在于自我认知，了解自己的优缺点是自我提升的起点。正如中国古语所言，"吾日三省吾身"。

好习惯可以让“难”变“易”

保定市启明职业高级中学　刘烨晨

好习惯，是我们学习生活的根基，是我们健康成长的臂膀。

著名心理学家威廉·詹姆斯曾经说过：“播下一个行动，收获一种习惯；播下一种习惯，收获一种性格；播下一种性格，收获一种命运。”简而言之，习惯塑造命运。只有培养出良好的行为习惯，我们才能营造出积极向上的学风、班风和校风。只有培养出良好的行为习惯，我们才能成为德才兼备的建设者，为把祖国建设成为自主创新型国家贡献力量。能否养成良好的习惯是衡量一个人是否合格的重要标准。缺乏良好习惯的人，往往难以取得卓越的成就。

那么，为何良好的习惯能够化“难”为“易”呢？让我根据个人的教学经验，举一个具体的例子来说明。

我是一名音乐教师，在我们学校曾经指导过一个小型的吉他社团。在社团初见成效之际，我经常向我的学生们强调，若想精通一门乐器，首要任务是培养定期练习的习惯，必须将吉他融入自己的日常生活。最初，学生们普遍感到挑战重重，但也有学生向我表示：“老师，我觉得这并不难。”显然，这部分学生对吉他怀有浓厚的兴趣，并且保持着良好的练习习惯，从而取得了显著的成绩。

这也证明，良好的习惯能够帮助我们完成看似不可能完成的任务，增强我们的自信心。

习惯在我们的生活中扮演着至关重要的角色。它们是连贯的，在潜移默化中塑造我们的品格，揭示我们的本质，并在很大程度上决定我们的成功或失败。

让我分享一个真实的故事。我曾经指导过一位学生，她在艺术方面的才华远超常人，对艺术有着非凡的感悟。然而，她的不足之处在于缺乏专注和勤奋学习的习惯。因此，我陷入了深思：“我该如何引导这棵小树苗成长为挺拔的树木呢?”于是，我决定采取一个策略——从培养习惯开始。

我注意到她在课堂上容易分心，于是通过反复提问来帮助她集中注意力，并引入了打卡机制，以逐步培养她的学习习惯。经过两个月的打卡学习，她养成了自主学习的良好习惯。这表明，良好的习惯是需要时间逐渐培养的。

美国著名教育家曼恩说：“习惯像一根缆绳，我们每天给它缠上一股新索，要不了多久，它就会变得牢不可破。”每天进步一小点，就总会有看到成效的时候。

在我们的日常生活中，诸多良好习惯能带来深远的益处。坚持每日刷牙，将赋予我们健康的牙齿；持续锻炼，将塑造理想的体型；不断练习乐器，将让我们奏出悦耳的旋律。然而，良好习惯的养成与维持，不应仅依赖于外部激励，真正起决定性作用的是内在因素，即自我管理机制，它才是持久保持良好习惯的关键。

因此，亲爱的同学们，即使你觉得自己不够聪明，没有出众的天赋，你依然能够取得成功。成功的秘诀在于培养并保持良好的习惯，它们将成为你成功的翅膀。让我们从现在做起，从点滴小事开始，培养好习惯。每一点一滴的努力都不是徒劳，它们将逐步引领你走向成功之路。

良好习惯塑造美好人生

唐县启明中学　邸聪柳

自 2020 年进入启明，我便成为我们诺亚的一分子。在整个集团学习魏书生老师管理方式的感召下，我收获颇多，特别是魏老师强调培养学生良好习惯以塑造美好人生的观点，给了我很大启发。我认识到好分数不如好习惯，只有良好的习惯才是学生学习和成长的重要基础。

一、学习方面

第一，培养学生预习的习惯。利用课前的 5 至 8 分钟时间，我引导学生带着问题进行预习，这使得班上一些学生有了显著的进步。以康天洋为例，他每天都会预习和复习课程内容，深刻理解到学习不仅仅是为了应对考试，更重要的是积累知识和提升个人能力。这种良好的学习习惯让他在课堂上表现得更加积极和自信，因为他已经对即将学习的新知识有了初步的了解，能够更深入地理解和吸收教师所传授的知识。同时，这种习惯也正面地影响了他的日常生活，使他变得更加自律和有条理，能够有效地规划自己的学习与休闲时间。

第二，学会倾听，提高专注力。我要求学生们上课时保持端正的坐姿：头颈正，腰身直，肩臂开，腿足安。我们来看看赵睿溪的改变：无论是课堂讨论还是日常交流，她都表现出对他人意见和想法的认真聆听。这种积极的态度不仅加深了她对他人观点的理解，也显著提高了她与人沟通和交流的效率。此外，她还能从别人的想法中汲取新知，拓宽了她看待问题的视野，使她的见解更为全面和深刻。这种良好的习惯不仅在学业上为她带来了积极的影响，同样也在她的社交生活中发挥了重要作用。

第三，及时整理错题本。为每个学科准备一个错题本，并将平时的错题及时归纳整理。在经验分享大会上，我们班的马嘉轩特别强调了养成整理错题习惯的重要性。他指出："及时整理错题本的好处颇多：1. 发现并改正错误：错题本能帮助学生识别自身的错误。通过整理错题，学生可以更清晰地看到自己的问题所在，从而有机会纠正这些错误，并防止重复犯错。2. 加强记忆：在整理错题本的过程中，学生需要重新审视和掌握错题中的知识点，这有助于巩固记忆，提升学习成效。3. 提高解题能力：通过整理错题本，学生可以更深入地理解自己的解题过程，发现自己的不足之处，进而优化解题方法，提升解题技巧。4. 提升自信心：当学生发现并成功改正自己的错误时，他们的自信心会得到增强，对学习的兴趣也会随之提升。5. 便于复习：错题本是一个高效的复习工具，它可以帮助学生迅速回顾和复习易错的知识点，从而节省宝贵的复习时间。"

二、生活方面

第一，要做一个真性情的人，勇于承认错误、接受批评。我们班的李同学以前犯了错误总是借口辩解，对老师的批评也难以接受。然而，在聆听了魏书生老师关于"好习惯成就美好人生"的讲座后，他逐渐发生了改变。面对错误或他人指出的不足，他不再逃避或抵触，而是开始认真反思并积极改正。这种积极的习惯不仅促进了他持续的进步和完善，还赢得了他人的尊重与信任。这种习惯也反映在他的生活态度上，他对待生活的态度变得积极向上，始终保持着学习和成长的心态。

第二，做事要有计划，学会自我管理。魏书生老师认为，自我管理是实现自我价值的关键。我激励学生掌握自我管理（包括时间管理、情绪管理、目标管理等）的技巧。这些管理技能的提升，不仅有助于学生更有效地掌控自己的学习和生活，还能帮助他们更顺利地追逐梦想和达成目标。举例来说，通过时间管理，学生能够更合理地规划自己的日程和任务，从而提升学习效率；通过情绪管理，学生能够更好地驾驭自己的情绪，保持积极向上的态度；

通过目标管理，学生能够更清晰地规划自己的未来，进而实现个人价值。

好习惯对一个人的影响是深远的，它不仅能够帮助一个人在学业上取得优秀的成绩，更能够在个人品格和人生观上产生积极的影响。这些好习惯包括自律、倾听、勇于面对和改正错误等。

通过培养这些良好习惯，学生能在学习与生活中变得更加自信、自律和积极进取。这些习惯将伴随他们终生，助力他们更有效地应对生活中的困难与挑战。因此，作为教育者，我们应致力于培养学生的良好习惯，让他们从小养成优秀的品行和学习习惯，为他们铺就更加辉煌的未来。

播种好习惯　收获好人生

唐县启明高级中学　刘亚敬

谚语有言："播种行为，收获习惯；播种习惯，收获人生。"诚哉斯言！唐县启明高级中学的做法，其实就是通过班主任陪餐、课间值班、操后分享等活动，让学生养成良好的习惯。这些习惯对学生的学习和生活具有深远的影响，将会使他们终身受益。

培根说："习惯是一种顽强而巨大的力量，它可以主宰人的一生。"在我身边，有这样一位老师，他每天利用课堂上的三分钟时间，邀请一位学生上台分享。分享的内容丰富多彩，可以是读书的感悟、经验的交流，抑或是积累的词汇和作文素材。这种做法极大地激发了学生的学习热情，培养了他们课下阅读和积累的良好习惯。正是这些习惯，显著提升了学生的语文素养，并使他们的语文成绩稳步提升。此外，每天晨跑结束后，也有学生在全班面前进行分享，内容多涉及学习经验。这不仅帮助一些学生迅速发现并解决学习上的问题，还极大地增强了分享者的自信心，激励他们更加努力地学习。良好的习惯是人生的磨砺石，它助我们塑造性格、提升品质，让我们的生活更加精彩。

除了强调学科特色的课堂纪律，学校同样重视培养师生的优良生活习惯。首先，卫生习惯的养成至关重要。学校的清洁状况不仅展现了学校精神文明建设的风貌，也是衡量师生素质的重要指标。学校每周安排特定的活动课，让学生有机会洗澡、洗衣和打扫卫生。每个卫生区域都指派了专人负责，并且明确了垃圾桶的摆放位置，以确保校园环境的整洁。此外，学校还开展"好习惯，好人生"主题班会和板报评比活动，旨在帮助学生培养良好的生活习惯。经过一个月的努力，学生随地吐痰和随手乱扔垃圾的行为显著减少，他们开始主动捡起地面上的垃圾，养成了随手清理废弃物的习惯。除了卫生习惯，课间值班老师也会纠正学生在活动中的不文明用语，引导学生逐渐养成见到老师主动问好的文明习惯。

此外，河北诺亚集团始终秉承“走出去、请进来”的战略，投入大量的人力、物力、财力以加强内涵建设，致力于高质量发展。学生们在观看了董事长走访各地学校、学习交流的视频后，深受其中良好行为习惯的启发。其中一位学生受视频影响，每天早上大声朗读课文。他总是在早自习时早早来到教室，即便周围同学都坐着，他也会站起来，高举课本大声朗读。起初，同学们对他的做法感到不解，但慢慢地，他们逐渐意识到，这位大声朗读的同学在早自习时不再打瞌睡，注意力明显集中，背诵课文的速度也大幅提升。目睹了良好习惯带来的积极效果，班上其他学生也纷纷效仿，加入了大声朗读的行列。除了这位学生，班中还有一位体育特长生，由于早自习和下午的第三、第四节课需要在操场训练，他缺少了一些背诵的时间。然而，他充分利用课余时间，不仅赶上了其他同学的背诵进度，而且成绩也稳步提升。看到这位体育生如何高效利用碎片化时间，班上其他同学也开始精心规划自己的时间。这些学生不仅使自己变得更加优秀，还激励了更多人去培养良好的习惯。

这些事例告诉我们，好习惯就像一把钥匙，可以打开成功的大门。它可以帮助我们树立自信，提高效率，增强人际关系，甚至改变我们的命运。习惯是一种强大的力量，它可以主宰人生。而这种力量就像一只无形的手，引领我们走向更高、更远的地方。

魏书生曾说过：“时时有事做，事事有人做，人人有事做。”从一张桌椅的摆放到全班卫生的细致监督，班级中的每一扇窗户、每一个电子设备的开关都由“专人负责”。在跑操时，学生们分批有序快速下楼，迅速集合于操场。除了跑操，课间的乒乓球、篮球等多样化的活动不仅帮助学生缓解了学习压力，还培养了学生良好的运动习惯。

人生宛如一场好习惯与坏习惯之间的较量，要想塑造一个精彩的人生，必须不断提升思考习惯、行动习惯、情绪习惯中积极方面的比重，同时逐步减少消极方面的比例。尽管有些学生的入学成绩并不突出，基础知识也略显薄弱，但在启明高级中学这个温暖的集体中，学生们逐渐培养了提前预习和课后复习的习惯，专注听讲和积极提问的习惯，不拖延、不懒散的习惯，仔细审题和积极思考的习惯，以及勤于练习和认真书写的习惯。在考试中，他们一次又一次取得了进步，实现了低起点高成就、高起点更优异的转变。良好的习惯犹如学习走路，一步一个脚印，才能为未来的道路奠定坚实的基础。

那么，如何培养良好的习惯呢？首先，我们必须明确自己的目标。这些目标可以涉及健康、学习、工作和社交等多个方面。然后，我们需要制订一个切实可行的计划，并持之以恒地执行。在这个过程中，保持耐心和毅力至关重要，我们需要不断地调整和优化自己的行为。最终，从成功中汲取信心和动力，让良好的习惯融入我们的日常生活。

总之，习惯塑造人生，习惯决定命运。人的一生，播下何种习惯的种子，就会收获相应的人生果实。让我们从现在开始，养成良好的习惯，让它们成为我们人生中最宝贵的财富！

用心教书　以爱育人

唐县启明中学　史宝霞

为师者，人魂之匠也，必清其志，洁其心，正其身。教师的言传身教对学生的影响是深远的。以下是我认为在担任班主任工作中应培养的一些良好习惯。

一、养成努力做一名“阳光型”老师的习惯

魏书生老师在《笑对人生》的文章中说过：“一位班主任积极乐观，笑对人生，便容易使学生受到感染，容易使学生性格开朗乐观。”有阳光的老师，才有阳光的教育，才有阳光的学生。教师的职责不仅是教书，更要育人！传承文化是职责，塑造灵魂是职责，启迪心灵也是职责。我们应当致力于为学生创造一个简单而快乐的学习环境，因为这正是提升学业成绩的关键所在。只有当孩子们心情愉悦时，他们才能更有效地学习，迅速地投入学习状态，从而使得课堂效率倍增。我们自己也不喜欢总是严肃的面孔，孩子们同样不会喜欢总是严肃的老师。他们更倾向于那些幽默风趣、能够带给他们快乐的教师。作为普通的教育工作者，我们或许无法保证每个孩子都能成为大学生、成为国家的栋梁之材，但我们能够确保每个孩子都能像向日葵一样，积极向上、乐观开朗，心中充满阳光。

二、养成给“特殊学生”特别的爱的习惯

教育家苏霍姆林斯基说：“每个孩子都是一个完全特殊的、独一无二的世界。”每个孩子都是家庭的希望，是祖国的未来。作为班主任，必须对学生怀

有深厚的爱。这份爱意味着要尽可能地为每个学生创造成功的机会，确保每个孩子通过自己的努力都能取得进步，体验到成功的喜悦，并且每天都能感受到自己的成长。

（一）关爱优秀学生或许简单，但对叛逆学生表达爱意则更为艰难。正因如此，这份关爱显得尤为宝贵。对于那些特殊的学生，教师需要展现出宽容、理解、欣赏和谅解的态度。青春期的到来使得一些学生变得更加叛逆，这时，班主任必须具备敏锐的观察力，关注学生的言行举止以及思想变化，特别是那些来自特殊家庭背景、性格内向或偏激的孩子。班主任应当深入了解这些学生，并在行动上给予更多的关怀，在言语上表现出更多的体贴。教师需要放下身段，与学生进行心与心的交流。这些看似平凡的举动，实则体现了教师与学生之间的深厚信任，会拉近彼此的距离。只有这样，我们才能驱散学生心中的阴霾，为他们带来温暖的阳光。

（二）对优秀学生表达关爱相对容易，而对后进生表达关爱则更具挑战。真正的关爱意味着要特别关注班级中的后进生。教师应当接受他们之间的差异，并以平和的心态对待每一位学生。这些学生可能因为成绩不佳而遭受同学的嘲笑、老师的忽视，甚至家长也可能对他们失去信心，认为他们没有前途。这些因素可能导致他们缺乏自信和动力，承受着巨大的压力，然而他们依然坚持到校，认真地坐在教室里听课。因此，我们不应因他们的成绩不佳而对他们过于严苛，而应给予他们更多的关爱和支持，以抚慰他们的心灵，消除他们的自卑感，为他们带来希望和信心。

三、养成毫不吝啬赞美学生的习惯

人渴望被人赏识。教师要善于发现学生的优点，舍得赞美学生，因为赞美是一种赏识教育，是一种情感投入，是催人奋发向上、积极进取的爱的教育。好孩子都是夸出来的，教师要把赞美当成教书育人的一剂良药，要充分发挥它的激励功效，挖掘学生潜质，激励学生信心。一个肯定的眼神、一句鼓励的话语、一个竖起的大拇指，会让他们重拾自信、充满力量！我们要鼓励学生做最好的自己，成为最优秀的人。

四、养成坚信每个学生都是助手的习惯

魏书生老师在《多互助，少争斗》中说：“坚信每位学生的心灵深处都是你的助手，你也是每位学生的助手。”人人有事做，事事有人做，要让学生成为自我管理的主人。班级的大小事务仅凭班主任一人之力难以兼顾所有细节，因此我们应将每位学生视为宝贵的助手，通过班干部和小组长的分工合作，确保每个角色都能履行其职责。小组成员之间应自发地相互协助，实现组内协作与组间良性竞争。这样的机制能够激发学生自主学习、合作交流和探索研究的能力，同时促进同学们共同进步。在品德、学习和能力提升方面，学生之间相互竞争，学习先进典型，努力超越同伴和自我，从而营造出一个积极向上的学习环境，充满比拼、帮助和超越的氛围。

五、养成以诚相待与家长沟通的习惯

孩子的成长、成才，是家庭和学校共同的责任，教育就是一场双向奔赴的遇见。所谓双向奔赴，就是老师和家长都有一个共同的目标，那就是让孩子健康快乐地成长，并成为一个对家庭、对社会、对国家有用的人。在与学生家长沟通时，讲究一个“诚”字。只有诚心实意，才能打动家长的心，使他愉快地与你合作。班主任应用诚心架起与家长沟通的桥梁。我们需要转变角色，将自己视为这个家庭的朋友，避免以严肃的态度去教育或指导家长，因为那样可能会导致关系紧张，一旦关系紧张就难以修复，进而使班主任工作陷入困境。

师者匠心，臻于至善；师者如光，微以致远。作为老师，我们要把每个学生当成自己的孩子，要把教育工作当作事业，用心教书，以爱育人。

好习惯　好人生

唐县启明中学　刘欣灵

白驹过隙，时光荏苒，转眼间从事历史教师这个职业已过 9 个春秋。回首过往，在教育的道路上，我始终遵循新课程改革的指导原则，不懈追求教育的提升和最高效的教学方法。不知不觉中，我已形成了一套自己的习惯体系，包括持续总结与反思、不断追求创新和学习、保持积极的心态以及优秀的时间管理技巧。这些良好的习惯不仅促进了我个人的成长，也为我带来了诸多益处。

一、总结反思

总结与反思是教师提升教学质量的关键步骤。通过这一过程，我们能够识别教学中的不足，并迅速采取相应的改进措施。

在进行总结与反思时，我常常会思考一堂课取得成功的主要因素。通过剖析这些成功因素，我能够辨识出有效的教学方法和策略，从而进一步提高我的教学能力。例如，我会考虑课堂上学生的参与度、对知识的掌握程度以及学生的反馈等方面。若发现学生对某个教学环节反应积极，我便可以尝试在其他课程中应用类似的策略。这种方法不仅有助于优化教学成果，还能提升学生的参与感和学习积极性。

另一方面，总结与反思助我识别教学中的不足，并提出相应的改进措施。通过仔细分析我们的教学流程，我能够发现一些盲区和疏漏，以及潜在的错误或不精确的知识传授问题。这些发现使我得以及时纠正错误，并有针对性地优化我的教学策略。通过持续的自我审视和改进，我的教学将更加精准有效，从而取得更佳的教学成果。

养成总结和反思的良好习惯，不仅促进了我的持续进步，还使我成了洞察学生需求的敏锐观察者。正如苏格拉底所言：“未经审视的人生是不值得过的。”总结反思是我不断进步的一个法宝，它不仅让我汲取更多的知识，还能让我为学生提供更有价值的指导。

二、追求创新、不断学习

追求创新、不断学习是教师的一项重要职责。随着社会的不断发展变化，我们必须适应新的教育环境并满足学生的需求。为了更好地引导学生学习历史，我选择将历史史料与短视频相结合，以生动、真实的方式向学生展现历史的鲜活面貌。

短视频作为一种多媒体形式，能够借助图像、音乐、文字等多种元素将历史知识生动地呈现给学生，使学习过程变得更为有趣，从而激发学生的学习热情并提升他们的参与度。以罗斯福新政为例，这一课程内容包含众多专业术语，对初中生来说理解起来颇具挑战。因此，我以经济危机和新政的核心特点为主题，搜集相关的史料和资料，制作了一段富有吸引力的短视频来详细解读这两个历史事件，使课堂氛围变得格外生动和活跃。通过这种多媒体教学手段，学生能够更加深刻地理解历史事件，领略历史的魅力，并逐步形成正确的唯物史观。

创新的教学方式也体现了教师的独特个性和风格，提升了教学的艺术性。正如爱因斯坦所说：“我们不能通过重复来解决问题，而必须通过新的观念和方法。”追求创新、不断学习使我作为历史教师在教学中焕发更多的灵感和创造力，以满足学生多样化的需求。

三、保持积极的情绪

爱因斯坦说过：提出一个问题往往比解决一个问题更重要。作为教师，我们总是期望学生能够提出富有建设性的问题，而这往往要求他们具备扎实的知识基础。这就需要我们在教学中保持积极的情绪。

幸运的是，在我踏上教师岗位之初，我便认识到了情绪管理的重要性。当我们踏入教室，面带微笑，情绪饱满，讲课时多用鼓励性的语言，耐心地引导学生，自然就能感染他们，营造出积极向上的学习氛围。积极的情绪有助于学生树立自信，培养积极的学习态度，激发他们对学习的兴趣，提高课堂活动的参与度，促使他们更主动地思考和提问。这样，他们就能更好地应对学习中的挑战。

在我教授的初中历史课程中，我遇到了一个涉及时间计算的问题。起初，一名学生尝试用加法得出答案。他表达了自己的想法后，我没有立即反驳。由于时间转换与常规加法运算的机制是不同的，我需要引导他审视自己的假设。于是，我让全班同学思考一个类似的问题。起初，同学们未能领会这两个问题之间的联系，我便继续引导他们尝试使用一种更为直观的方法去“计算”准确的时间。同学们开始用手指头计数，从而发现自己理解上的偏差。这堂课之后，同学们对时间转换的机制有了更深入的理解。在这个纠正错误的过程中，我的角色是引导他们自主地解决问题。他们在独立解决历史问题后，明显提高了对历史学科的兴趣。在课堂上，引导学生思考每一个可能的错误是至关重要的。这不仅帮助学生掌握知识点，而且还能增强他们对学科的兴趣。他们会发现，历史并非难以理解，推导过程可以是如此简单而有趣。这样一来，他们就有了继续学习甚至创新的动力。

教师保持积极的情绪是必要的。我们的积极情绪和乐观态度不仅会对学生的学习产生积极的影响，也会对他们的人格培养起到积极的作用。

四、良好的时间管理习惯

作为一位教师，时间管理同样至关重要。我们不仅要认真备课，精心设计教学内容，还要兼顾自身的健康与个人生活。良好的时间管理习惯有助于教师高效利用时间，提升工作效率，实现工作与生活的和谐平衡。

为了避免在备课过程中浪费宝贵时间，我在讲课前总是先明确教学目标和大纲。我会根据学生的学习需求以及教材内容来制订备课计划，随后利用零散时间进行知识搜集、资源整理和教学设计。此外，我还会借助电子备课平台、互联网资源以及电子文献库等工具，以提升备课的效率和质量。

教学如此，生活亦是如此。我不会因为投入大量精力和时间在教学工作上而忽视自己的身体健康。在闲暇时刻，我常闭目冥想，以达到心灵的宁静与心态的调整。同时，我也致力于培养个人兴趣爱好，并与家人、朋友保持良好的社交关系。这样的生活方式不仅有助于缓解工作压力、提高工作效率，而且还能让我更好地享受生活，保持身心的健康。

总之，总结反思、追求创新、保持积极的情绪和科学地利用时间，是我们应该培养的好习惯。这些习惯不仅实现了我们自身的成长和个人发展，也对学生的成长产生了积极而深远的影响。让我们保持良好的教育习惯，用我们的热情和智慧塑造学生的未来。

寻梦而行　一路追光

唐县六一小学　尹　丽

第二届培养良好习惯交流会暨教育创新发展论坛在我校胜利召开，我国教育界名师、全国著名教育改革家魏书生老师应邀出席并做了专题报告。在我的想象中，这样一位知名人士的报告理应是深奥难懂的。然而，出乎意料的是，魏老师的报告并没有过多的客套和开场白，便直接开始了。他谈论的都是日常琐事，却让人听得入迷。他时而情绪激昂，侃侃而谈；时而又平易近人，娓娓道来，不知不觉中将听众带入他的演讲世界。他还会随着节奏拍手，用类似快书的语速，分享他独特的教育理念和管理智慧，其中还夹杂着东北二人转的风趣。这些看似平凡的事例，却深深触动了我的心灵。我认为，魏老师的讲座，更像是心理学家的心理辅导、演员的精彩表演、智者的智慧启迪。它不仅告诉我们如何成为一名优秀的班主任、如何教育和培养人才，更是在教导我们如何做人。在笑声中，我们接受了心灵的洗礼。尽管是观看录像，我却一次又一次不由自主地想要鼓掌、叫好。不知不觉中，我也在学习和改变。

一、做一个虽渺小却不断上进的快乐教师

“永远记得自己很渺小，也要把自己看大。”魏老师的这句话给我留下了深刻的印象。魏老师 19 岁开始担任民办教师，21 岁进入工厂工作，1978 年 2 月重返教育行业。6 年后，他荣获辽宁省“特级教师”称号。此后，无论是担任教导处副主任、校长，还是担任市教育局局长，他始终没有放弃教学工作，同时兼任班主任。的确，我们每个人都是宇宙中的一粒微尘，显得非常渺小。

然而，我们也应坚信自己能够有所成就，从自我出发，逐步实现自我超越。与昨天的自己相比，今天的我备课是否更加用心？上课是否更加生动？处理突发事件是否更加机智……虽然每天可能都不是完美的，甚至每天都有遗憾，但只要每天都与自己比较，不断进步，就能逐渐养成良好的习惯。

在报告中，魏老师讲述了如何调整心态、如何保持快乐的方法。这让我思考：既然我们无法选择人生道路，无法挑选职业，也无法改变环境，为什么不从改变自我着手呢？如果感到不快乐，就应让自己变得快乐；如果感到压力沉重，就应放下心中的负担，轻松地生活；如果学生对你的课堂感到厌倦，那么就应从改变教学方法开始。只要我们愿意去思考、去实践，一切都会逐渐好转。

让我们努力做一个虽渺小却不断上进的快乐教师。

二、做一个守护优点、守护爱的爱心教师

魏老师说："我们要守护每位学生、老师的优点长处。"聆听魏老师分享他如何管理班级的经历，我不由自主地回想起曾经阅读过的一篇魏老师的文章。文章讲述了他如何转化一名"8分学生"的故事。魏老师用自己的人格魅力去影响他人，用无尽的爱心去温暖那些被忽视的孩子。目睹孩子们的每一点进步，他感到欣慰，而我听后也深受感动，甚至感到羞愧。实际上，无论是乖巧的、顽皮的、美丽的、平凡的，还是聪明的、不那么聪明的孩子，他们都有各自的优点。作为教师，我们不能仅凭个人喜好而偏爱那些我们认为"可爱"的孩子，而应该带着责任感，将欣赏和期待的目光投向每一个学生，包括那些成绩不佳的孩子。魏老师提倡要根据学生的实际情况，让他们做适合自己的题目，我对此深表赞同。反思自己布置的作业，总有一些后进生无法完成，而对于优等生来说又过于简单。虽然我之前尝试过分层次布置作业，但在这次培训之后，我决心要重新拾起这个习惯，对不同学生展现不同的关怀。对成绩优异的学生，我将怀着爱才之心；对那些淘气、不守纪律的学生，我将持有宽容之心；对学习有困难的学生，我将抱有关爱之心……我将努力发现每个孩子的优点和长处，成为一个能够守护优点、传递爱心的教师。

三、做一个善于约束学生行为的睿智教师

常言道："无规矩不成方圆。""规矩应从细微之处开始。"在对学生进行大量表扬与肯定之后，对于学生的不当行为，我们仍需采取监督和管理措施。魏老师所采用的方法值得我们借鉴。他的监督管理体系环环相扣，责任明确，既科学又高效，具体包括："一、自检；二、互检；三、责任人检查关；四、集体舆论关；五、教师检查关。"科学的管理方法魏老师还有很多很多，如"凡是学生能干的事，班干部不要干；凡是班干部能干的事，班长不要干；凡是班长能干的事，班主任不要干"；又如违规违纪的学生要写几百字的说明书、心理病历、法院状告书等，这些都彰显了他作为一位睿智教师的智慧。在学习了魏老师的这些做法之后，我也开始在我的班级中实践。记得有一次，泽鹏和梦晨因为值日问题发生了争执，我并没有像往常一样严厉批评，而是让他们写一份说明书，并说明了要求。从他们的表情可以看出，这种惩罚方式出乎他们的意料。不久后，他们提交了说明书，内容相当翔实，字里行间展现了他们的心理活动，这同样也超出了我的预期。说明书提交后，他们的关系有所缓和，问题也得到了解决。这样的做法何乐而不为呢！换一个角度处理问题，做一个善于约束学生行为的睿智教师吧！

魏书生老师的讲座总是能够将深奥的哲理，甚至是沉重的话题，以流畅、幽默且充满抒情色彩的语言生动地表达出来。他以真挚的情感和深厚的意念打动了现场的每一位听众，激起了他们强烈的心灵共鸣，使听众为之动容。为何在他人看来艰苦的教育工作，在魏老师的眼中和心中却显得如此亲切和愉悦？这一切都源于他对教育的深刻理解和对教育的真挚热爱。

心之所向，无问西东，寻梦而行，一路追光。魏书生老师犹如一束指引之光，引领我们不断前进。在未来的教学和学习道路上，我将不断汲取魏书生老师的教育智慧，寻找并实践适合自己的教育方法，以更好地服务学生，献身教育事业。最后，还是用魏老师的一句话与大家共勉："生活不为输，不为上，只为实，看得开，少生气，平心静气，忍着点，高高兴兴过日子；工作想得深，干得实，不动摇，不懈怠，不折腾。"

好习惯铸就好未来

唐县启明中学　刘佳莹

观看完魏书生有关培养学生良好习惯的讲座后，我深有感触。我意识到习惯的养成并不是一朝一夕的事，而一旦形成了不良习惯，可能会对人的一生产生负面影响；反之，良好的习惯则能带来终身的益处。

良好的习惯是通过长期的坚持和训练来培养的。在这个过程中，家长和教师的协作与监督至关重要。为了培养学生的良好习惯，我们必须设定明确的目标并付诸实践。

教育的本质在于培养习惯。我们应以学习为核心，致力于培养学生的学习习惯。因为，习惯塑造品质，进而影响命运。

归纳错题的习惯。对于中学生来说，我认为，在每次月考结束后，或者完成每次练习、听写后，学生应该及时纠正错误，并对错误类型进行整理。可以将它们摘录到笔记本上，然后逐一细致地分析。了解自己的失分点，可以有效避免未来重复犯错。当然，我认为这种方法只适用于那些已经掌握了大部分知识点并且上课认真听讲的学生。

写的习惯。常言道："好记性不如烂笔头。"单纯依靠听讲、阅读这些学习方式，其实是不够的。在学习过程中，做笔记是一种非常有效的方法。掌握知识点后，能否将其正确书写出来同样关键。通过书写来加深印象，将所学知识重新书写一遍，有助于学生巩固记忆。例如生字词、古诗等，边读边写，我认为这种方法能在很大程度上减少学生的错误。即使学生在背诵时遇到困难，也可以通过书写来加深记忆，帮助他们更快地掌握内容。

记忆习惯。在课堂上，学生们的竞争意识其实相当强烈。我认为，可以利用魏书生先生提倡的“七个一分钟”的方法来点燃学生的学习热情。一分钟的时间不仅能够营造积极的学习氛围，更是对学生学习效率的一种考验。一分钟内可以完成许多事情，但若将它转化为一种行动，将能更有效地激发学生的学习兴趣，进而实现更佳的学习成果。日积月累，每天坚持一分钟的记忆训练，最终将这种做法内化为一种学习习惯。

制订计划的习惯。“预则立，不预则废”，这是古人的智慧。在着手任何事务之前，制订详尽的计划和明确的目标至关重要。学习亦是如此，首先应设定清晰的目标和方向，制订每日的学习计划和每周的复习安排，并明确列出学习内容。这样，我们便能有条不紊、目标明确地进行学习，清楚地知道每个时间点应该完成什么任务。针对自己薄弱的科目，我们应如何加强学习？在特定的时间段内，应该复习哪些科目？是阅读、写作还是背诵？反之，如果没有计划，学习就会变得盲目而低效率，今天可能努力学习，明天却可能偷懒懈怠，学习过程就像无头苍蝇一样，自然难以取得成效。因此，制订计划是学习过程中不可或缺的重要步骤。

预习习惯。在课程开始前，指导学生进行预习。在课堂上，安排5至8分钟的时间让学生自主阅读和思考，鼓励他们在阅读过程中积极提出问题。在一节课的时间里，教师的讲解应适度，不宜超过20分钟，确保课堂以学生为中心。同样，对于试题，也应鼓励学生通过预习来独立解决，让他们在学习过程中体验到知识的乐趣和探索的喜悦，从而促进知识的增长。

适应老师教学风格的习惯。进入初中阶段，学生们将接触到七门不同的学科和不同的老师。每位老师的教学风格和课堂模式各异。一些老师的课堂生动有趣，而另一些可能显得单调乏味，这自然会导致学生对各科的兴趣产生差异。有些学生甚至可能认为，如果小学时某学科就掌握得不好，那么到了初中可能也难以学好。然而，无论哪一学科，只要学生能够专心听课，全神贯注地投入课堂中，遇到不懂的问题时主动向老师求助，并调整自己的注意力，就一定能够掌握所学知识。

最令我深受启发的是魏老师所阐述的关于转变学生那种大事做不来、小事又不愿做的惯性思维。我们要专注于那些力所能及的大事，同时迅速处理日常琐事，确保每位学生都有事可做。

总之，我们有许多值得向魏书生老师学习的地方。从现在开始，我们应当像他一样，以一颗平常心快乐地生活、工作和学习。

好习惯　好人生

唐县启明中学　王　曼

在从事教师这项职业的第五个年头，我的内心百感交集。回首往事，第一次登台，面对那一双双天真无邪、对知识充满渴求的眼神，我的内心为之一颤，更加坚定了我要干好教师这份事业的信念。在这些年里，我不断探索“教什么”“如何教”以及“怎样才能教得更好”，一步步地前进，向经验丰富的老教师学习，总结经验，只为努力提升自己，培养出更优秀的学生。作为一名教师，我深知身教胜于言教。在日复一日的教学实践中，我逐渐认识到良好习惯对于教师和学生的重要性。

播下一个好行为，就会形成一个好习惯；播下一个好习惯，就会收获一个好性格；播下一个好性格，就会收获一个好人生。好习惯不是一蹴而就的，它需要在学习和生活的点滴行为中养成。正所谓“不积跬步，无以至千里；不积小流，无以成江海”。

一、让自己“现代化”起来

在当今这个日新月异、新技术不断涌现的时代，作为教师，若不及时更新知识，仍旧停留在过去的教学模式上，继续沿用过时的教学方法，可能会误导学生，导致他们在实践和认识上出现偏差。那么，如何将枯燥的语文课堂变得生动有趣呢？在最近的授课过程中，当我讲授秋瑾的《满江红》时，为了帮助学生更深刻地理解在当时的社会背景下，女性参与革命所面临的巨大挑战，同时激发学生的爱国情感，我播放了电影《辛亥革命》中关于秋瑾英勇就义的片段。学生们反应热烈，随着电影情节的推进，他们的情绪也随之起伏，我意识到他们正在思考、被感动，爱国之情在他们心中油然而生。

此外，要紧跟新课改的步伐，从传统的教学模式中跳出来。学校推出的“六步教学法”真正做到了把课堂还给学生，充分发挥了学生的主观能动性。现在老师们对新的教学模式运用起来也是得心应手，走出了“满堂灌”的模式，加入了新课改的潮流。

每一位教师都要具备创新精神，以现代化的理念指导教学，以现代化的步伐实践新课程，成为一名出色的教师。

二、练好“三字一话”

“三字一话”即钢笔字、毛笔字、粉笔字和普通话，这是一名合格教师的必备技能，是日常教学的基本功。教育学生书写规范，教师必须以身作则，写好每一个字，这是教师职业形象的重要体现。常言道，教师的言传身教会直接影响学生。当我们在黑板上书写时，清晰、有序的板书设计会无形中塑造学生的书写习惯，激发他们模仿老师的愿望。普通话作为教师的职业用语，流利、标准的普通话教学是衡量教师专业水平的关键标准之一。

三、上课决不拖堂

下课铃声响起后，尽管教师可能仍在课堂上尽情展示，但大多数学生的心思可能已经飘向窗外。拖延下课时间会妨碍学生大脑的正常休息，直接影响他们对知识的消化和吸收。此外，拖延还会耽误学生为下一节课做准备，从而不可避免地影响到下一节课的教学效果。我希望当清脆的下课铃声响起，老师讲完最后一句话后，能够从容地离开教室。因为这样的老师往往更受学生欢迎。

四、善于反思

作为一名教师，经常性地、习惯性地开展教学反思，对提高自己的教学水平、教学能力意义重大。

回顾并反思自己的教学实践，可以发现其中的不足与缺陷，是教学反思活动的核心目标。通过这一过程，我们可以发现教学中的问题与不足之处，为未来的改进和提升奠定坚实的基础。一堂课结束后，通过观察学生的即时反馈以及课后与学生的深入交流，我意识到自己在课堂上可能显得过于严肃，这导致课堂氛围变得僵硬，不利于激发和拓展学生的思维，长期如此，可能会削弱学生对语文学习的热情。这一点在未来的教学中需要我特别注意并加以改进，以寻求更有效的教学方法，真正实现“寓教于乐”的教学目标。

回顾并反思自己的教学实践，可以识别出教学中的优势领域。教学反思不仅包括积极地寻找教学上的不足和弱点以便改进，也包括确认和强化自己的教学优势，以便在未来持续磨炼和发扬光大，塑造个人的教学风格。例如，我可能会思考课堂上学生的参与度、对知识的掌握程度及学生对知识的理解情况等关键方面。若观察到学生在特定教学环节中表现出色，我便可以考虑将类似的教学策略应用到其他课程中。这种方法不仅提升了教学成效，还进一步激发了学生的学习热情。

认真进行教学反思，并将其培养成一种习惯，假以时日，你将能够洞察教学活动的独特之处和内在规律。这样，不仅能显著提升自身的教学水平和能力，还能在潜移默化中步入教学研究的领域。

总之，好习惯成就好人生。好习惯不仅促进了我们教师自身的成长和个人发展，也对学生的学习成果和成长产生积极而深远的影响。只有养成良好的习惯，才能更好地发挥自己的潜力，提高自我价值，改善生活质量。因此，我们应当重视良好习惯的养成，从日常生活的细微之处着手，逐步增强自我认识和自我管理的能力，为实现个人的人生目标而不懈努力。

好习惯成就美好人生

唐县六一小学　石倩滢

10 月 18 日至 19 日，全国劳动模范魏书生、全国“最美教师”刘秀祥等教育专家应邀莅临我校，参加由唐县教育和体育局、河北诺亚集团、魏书生教育思想研究院共同举办的第二届培养良好习惯交流会暨教育创新发展论坛，并做专题报告。他们分享了立德树人的宝贵经验，并传授了高效课堂的教学方法。

这次活动让我受益颇多。有人说：播下一个行动，收获一种习惯；播下一种习惯，收获一种性格；播下一种性格，收获一种命运。正所谓观念变，行动就变；行动变，习惯就变；习惯变，性格就变；性格变，一生就会改变。习惯虽小，却能在潜移默化中影响我们的生活，甚至决定我们的命运。

我一直在教育的最前线工作，接触的都是祖国的未来——一二年级的小学生。一年级的孩子正处于培养学习习惯的黄金时期，也是他们最具可塑性的阶段。然而，每个孩子天生喜爱玩耍，对好习惯有所排斥，但一旦养成这些好习惯，它们将成为孩子一生中宝贵的财富。

那么，一年级的孩子应该培养哪些习惯呢？接下来，我将结合自身的工作经验，分享我的一些看法。

一、培养学生耐心、专心倾听的习惯

一年级学生天性活泼，注意力难以持久，特别是初入校园时，40 分钟的课堂时长对他们而言可能颇感不适。在这种背景下，作为课堂引导者的我们，更应千方百计地培养学生认真倾听的良好习惯。

首先，让学生明白为什么要这样做。告诉他们认真倾听是对别人的尊重，随意喧哗是对别人的不尊重，是打扰别人的表现。

其次，让学生知道该怎么做。认真倾听别人的讲话，不随便插嘴；在倾听的同时进行思考，分辨出哪些观点我赞同，哪些不赞同，并明确原因；若持有不同意见，待对方发言完毕后，再礼貌地表达自己的看法，对于赞同的部分，可以适时表示支持。

最后，开展有针对性的练习。例如，在课堂上，当同学们分享自己的想法时，请他们先耐心倾听，之后再参与交流和讨论。

二、培养学生认真写作业的习惯

一年级学生尚未养成认真完成作业的习惯，而养成这一习惯对于他们未来的发展至关重要。

首先，为学生创造一个安静、光线充足、充满学习氛围的环境，以帮助他们养成一坐下来写作业就保持安静、专注的习惯。

其次，提醒学生准备好写作业所需的物品，如铅笔、橡皮、尺子、作业本等，确保摆放得井井有条，并将无关物品收起，避免注意力分散。

再次，当学生做作业遇到困难时，不要急于提供帮助。只有当学生主动求助时，教师才应介入并提供指导，而不是直接给出答案。

最后，我们还应关注学生在完成作业时的情绪状态。如果学生遇到挫折或难以集中注意力，可以让他们稍作休息，调整状态。要激发学生对学习的热爱，学习应在轻松愉快的氛围中进行，避免强迫，以免引起学生对学习的反感。

三、培养学生认真书写的习惯

在书写时，首先要确保学生保持端正的坐姿，掌握正确的握笔方式。在学生开始做作业前，教师需提醒他们注意正确的书写姿势。在学生写作业的过程中，教师应仔细观察并及时纠正其不当的坐姿或握笔姿势。同时，要求学生完成的作业应干净、整洁，字迹清晰规范，并具备一定的书写速度。因此，教师应先提供范字供学生观察，接着引导他们进行书空练习，最后再让学生进行实际书写。

四、培养孩子自己整理学习用品的习惯

（一）课前学习材料的准备

在每节课开始之前，通知学生即将学习的课程内容，并指导他们提前准备好相应的学习材料。应收起无关的物品，避免对学习造成干扰。

（二）课后学习材料的整理

课程结束后，学生应立即整理学习材料，并确保所有物品都已归置妥当，放回原位后方可离开。起初，孩子们可能不熟悉整理流程，此时老师应给予提醒和协助，但不要包办。随着时间的推移，学生将逐渐养成自行整理的习惯，此时老师可以逐渐减少干预，最终可由班长负责提醒。

五、培养孩子课外阅读的习惯

学生的学习不仅限于课本知识，还应选择优秀书籍广泛阅读，培养良好的阅读习惯。

对于一年级的孩子来说，这是培养他们阅读品位和习惯的关键时期。在这个阶段，通过与成人共同阅读，孩子们更容易对文字产生亲近感，并体验到阅读的乐趣。因此，每日的阅读课程成了我和学生们共同享受阅读快乐的时刻。我们可以采用分段阅读、角色扮演阅读以及由小老师领读等多种方式。这些都是我们获得丰富阅读体验的有效途径。在这一过程中，教师可以在适当的时候进行内容拓展，以激发学生探索课外知识的兴趣。

好习惯的培养是一个长期不断巩固的过程，起初需要大人的指导、监督和必要的约束。相信只要我们言传身教、持之以恒去做，学生良好的习惯就会慢慢养成。每一个孩子都是天使，但也隐藏着恶魔的一面，良好的教育就是要让天使战胜恶魔，让孩子快乐平安幸福健康地长大。

叶圣陶说：“教育是什么，往简单方面说，只需一句话，就是要养成良好的习惯。”“一种好的习惯可以使人受益终身。”也就是说，如果学生从小养成

良好的学习习惯，即使在没有任何强制因素和外人点拨辅导的情况下，也能非常自觉、饶有兴味地去学习、去生活。好习惯成就美好人生，只要有了良好的习惯，不论多么遥远的梦想，孩子们也能驾着自己的梦想之船乘风远航，到达美丽的彼岸。

良好习惯成就幸福人生

唐县启明中学　赵宏亮

作为一名教师，我深知良好习惯对于一个人的成就和幸福有着重要的影响。正如著名心理学家威廉·詹姆斯所说："播下一个行动，收获一种习惯；播下一种习惯，收获一种性格；播下一种性格，收获一种命运。"正所谓"观念变，行动就变；行动变，习惯就变；习惯变，性格就变；性格变，一生就会改变"。经过多年的观察与实践，我深刻地领悟到良好习惯的重要性。它不仅能够塑造个人的性格与品质，还能助力他们实现梦想，享受幸福美满的生活。因此，在教学实践中，我始终关注学生习惯的培养，并致力于引导他们养成良好的生活习惯、学习习惯和社交习惯。

首先，良好的生活习惯是健康和幸福的基石。一个拥有良好生活习惯的人，通常能够保持良好的身体状况和积极向上的心态。他们懂得合理安排作息时间，确保充足的睡眠；他们注重饮食的均衡和营养，远离垃圾食品；他们坚持适度的运动，保持身体的活力。这些良好的生活习惯不仅能够预防疾病的发生，还能够提高工作和学习的效率，使人们更加愉悦和满足。正如邸校长，无论春夏秋冬，始终坚持跑步，风雨无阻。他在拥有健康体魄的同时，更具备了积极工作的心态和充沛的精力。

其次，良好的学习习惯是成功的关键。在学习的道路上，良好的学习习惯能够帮助学生更好地掌握知识和技能，提高学习成绩。陈宝硕，一个普通的九年级学生，第一次月考成绩并不理想，但期中考试成绩却跃升至年级前列。通过观察我发现他上课特别积极，与上课教师的配合非常默契，课下时间利用充分，因此成绩才会有飞速的提升。由此，我认为一个拥有良好学习习惯的学生，会依据个人实际制订合理的学习计划，合理安排时间，高效利用每一分钟；会主动思考问题，积极参与课堂讨论，培养批判性思维和创新能力；会养成良好的阅读习惯，广泛涉猎各种知识，拓宽自己的视野。这些良好的学习习惯不仅能够使学生在学业上取得优异的成绩，还能够培养他们的自律和毅力，为未来的发展打下坚实的基础。

最后，良好的社交习惯是人际关系的润滑剂。具备这些习惯的人通常能够与他人和睦相处，构建稳固的人际网络。他们懂得尊重和关心他人，擅长倾听与沟通；他们明白合作与分享的重要性，愿意帮助他人，也乐于接受他人的帮助；他们能够妥善处理冲突，解决问题，善于妥协和包容。这些良好的社交习惯不仅有助于人们在职场上更顺畅地与同事协作，还能在生活中为他们带来更多的朋友和支持，享受更多的快乐与幸福。我最敬佩的是王董，他既能与普通的农民工打成一片，提升工程的质量和效率，又能与知名教授、专家轻松交流，赢得阵阵掌声。这不仅源于他宽广的胸怀和渊博的知识，更得益于他良好的社交习惯。

因此，作为一名教师，我始终将培养学生良好习惯视为教育的核心任务之一。我通过课堂教学、班会活动以及个别辅导等多种方式，引导学生养成良好的生活习惯、学习习惯和社交习惯。我鼓励学生制定合理的作息时间表，培养良好的饮食习惯；我组织学生进行团队合作和互助学习，培养他们的合作精神和分享意识；我配合学校开展班级活动，培养学生的社交能力。通过这些努力，我希望能够培养出一批拥有良好习惯的学生，他们将成为社会的栋梁之材，过上幸福美满的生活。

总之，良好习惯是一个人成就幸福人生的重要因素。无论是在生活中还是在工作中，良好的习惯都能够帮助我们更好地管理自己，提高效率，获得成功。作为一名教师，我将始终致力于培养学生良好的习惯，帮助他们成为有道德、有文化、有能力的人，为实现自己的梦想贡献自己的力量。我相信，只要我们坚持养成良好的习惯，定能拥有幸福的人生。

好习惯成就好人生

唐县启明高级中学　康亚珍

在教育的道路上，每一位教师都是一名编织者，用习惯的丝线编织着孩子们的未来。而作为编织者，我们有责任和孩子们一起养成良好的习惯，共同书写美好的篇章。

在我的教学生涯中，我深知习惯的力量。正如亚里士多德所说：“卓越不是单一的举动，而是习惯。”因此，我常常教导我的学生们，要养成良好的学习习惯，为未来的成功奠定基础。

在我的课堂上，我鼓励学生们积极参与讨论，主动向老师请教问题，养成勤奋好学、持之以恒的学习态度。我深知，只有这样，他们才能在知识的海洋中畅游，不断地丰富自己，为实现人生的目标打下坚实的基础。

在我的教育生涯中，我也时刻提醒自己养成良好的工作习惯。敬业爱岗、严谨治学、善于沟通，是我对自己最基本的要求。我深知，只有具备这些好习惯的教师，才能更好地为学生提供优质的教育服务，助力他们成长。

而当我回归生活，我也努力养成良好的生活习惯，保持身心健康。在这个过程中，我发现，养成良好的道德习惯同样重要。正如陶行知所说：“教育就是培养好习惯。”作为一名教师，我们有责任教导孩子们诚实守信、仁爱互助、遵纪守法，让他们成为有道德的人。

在我的人生道路上，习惯就像一位导演，悄然无声地塑造着我的人生轨迹。而这一切，都得益于我努力养成的好习惯。

小时候，我性格内向，不善言辞。为了改变这一状况，我决定养成良好的习惯，让自己变得更加优秀。于是，我每天坚持锻炼口才，参加各种社交活动，尝试与不同的人交流。渐渐地，我的沟通能力得到了很大的提升，人际关系也变得更加融洽。

在求学的道路上，我也时刻提醒自己养成良好的学习习惯。我每天都会按时起床，制订合理的学习计划，保持专注，积极参与课堂讨论。这些习惯让我在学业上取得了优异的成绩，顺利考上了一所不错的大学。

大学期间，我意识到良好的生活习惯对身心健康的重要性，于是开始注重饮食、锻炼和作息。这些习惯让我拥有了健康的身体，同时保持愉悦的心情。在这个过程中，我也学会了如何与他人分享自己的心得，共同进步。

如今，作为一名教师，我每天都在与学生互动，引导他们养成良好的学习习惯。我深知，只有这样，他们才能在未来的学术道路上走得更远。

回首我的成长历程，我发现，习惯的力量是如此神奇，它悄然无声地改变了我人生的轨迹。而这一切，都是我努力养成良好习惯的结果。

在未来的日子里，我会继续保持这些好习惯，努力让自己变得更加优秀。我相信，只要坚持，就一定能够实现自己的人生目标，书写出属于自己的精彩篇章。然而，好习惯的养成并非一蹴而就。在我的教育生涯中，我也曾遇到过很多挑战和困难。有时，学生们的不懈努力并未立刻换来成绩的提高，这让我感到有些沮丧。但是，我坚信，只要坚持下去，学生们终会在习惯的力量下取得成功。

在我的教学生涯中，我也时刻关注着学生的成长。每当看到他们克服困难、养成了好习惯，我都感到无比欣慰。我相信，这些好习惯将会成为他们人生道路上的助力，帮助他们实现自己的梦想。

作为教师，我们要以身作则，用自己的行动影响学生。我们要用自己的好习惯去感染他们，让他们意识到养成好习惯的重要性。我们要用自己的爱心和耐心，去帮助他们克服困难，养成好习惯。我们要用自己的坚定信念去鼓舞他们，让他们相信，只要努力，就一定能够实现自己的梦想。

在我的教育生涯中，我深知教师的责任重大。我们要用自己的知识和智慧去启迪学生，让他们在学习的道路上走得更远。我们要用自己的关爱和关怀去陪伴学生，让他们在成长的道路上感受到温暖。我们要用自己的坚守和执着去影响学生，让他们在人生的道路上勇往直前。

在未来的日子里，我会继续与孩子们一起，养成好习惯，书写出属于自己的精彩篇章。因为我相信，好习惯成就好人生。

心之所向，身之所往；行而不辍，未来可期

唐县启明中学　顾熠梦

心有星辰大海，梦有诗和远方。我希望在这繁华间，跟志同道合的人，去追寻属于我们的未来。

——题记

“你未必光芒万丈，但始终温暖有光。”在启明的这些日子里，这是我最想送给自己的一句话。自2018年起，我与启明携手共度了六个春秋。在这段时间里，我不仅忙于工作，还培养了一些有益的习惯，例如每日早起、练习书法和阅读。在这样的环境中，我逐渐蜕变成一个更优秀的自己。

2021年10月21日，我有幸遇见了那位平易近人的长者——魏书生老师，一位仅在书本和电视上见过的传奇人物。他莅临唐县，参加首届培养良好习惯经验交流会。在那短短几小时的演讲中，我受益匪浅，深刻理解了好习惯的重要性。他那句“人人有事做，时时有人做，时时有事做，事事有时做”虽简短，却蕴含着班级管理的精髓。在教育的漫漫长路上，我一直在探索最有效的教育方法和班级管理模式。因此，我以这句话为指导原则来管理我的班级，发现一切变得井井有条，效果显著。未来，我会更多地学习魏老师的班级管理智慧，努力成为那个能够发光发热的自己。

今年的10月18日，我去六一小学参加第二届培养良好习惯交流会暨教育创新发展论坛，又一次见到了魏书生老师，再次聆听了魏书生老师的讲话，又有了不一样的感悟。他说，“学生能做的事，班干部不做，班干部能做的事，班长不做，班长能做的事，班主任不做”。这番话让我反思自己的工作方

式。我意识到，作为班主任的我之所以感到疲惫，是因为我总是包揽了班级的所有事务，没有给予学生足够的信任和权利。结果是，我的学生虽然听话，但遇到问题时总是依赖我。显然，问题出在我的班级管理方法上。回到学校后，我立刻组织了一次班级会议，为班干部们分配了明确的任务，并指导他们尝试自行解决问题，赋予他们处理班级事务的权力。起初，他们对于如何处理事务感到迷茫，但经过一段时间的实践，他们逐渐能够井井有条地管理班级事务。我深刻领悟到魏书生老师的用意，他强调的不仅仅是任务的分配，更是鼓励学生参与管理过程。在这样的班级里，每个人既是管理者也是被管理者，管理是动态的，权力相互制衡，而教师则扮演着引导和服务的角色。这样的管理方式，不仅减轻了教师的负担，更重要的是，它培养了学生的责任感和担当精神，使他们真正将班级视为自己的家。

魏书生老师围绕"不忘初心，精准创新，牢记使命"三个要点，提出教师要有"求善心、求真心、求美心、进取心"，还要剔除"懈怠心""懒惰心"，要用"平平常常"的心态、"高高兴兴"的情绪，快节奏高效率地做"平平常常""实实在在"的事情。平实的话语让我明白，只有真心地对待学生才是一名合格的老师。回顾我的教育生涯，我自豪地说，我确实以真心对待我的学生，而他们也以同样的真心回报我。平时在我们班听到的最多的话就是"老师你饿不饿""老师你累不累?""老师，你尝尝这个""老师给你个奶""老师保护好自己的嗓子"。尽管我以真诚之心对待学生，但我知道这还不够，若要实现魏老师所倡导的"不忘初心，精准创新，牢记使命"，我必须改变自己的生活习惯、学习习惯和工作习惯。例如，我必须首先摒弃懒惰的心态，绝不允许自己在任何需要勤奋的事务上偷懒。我需要更加认真地关注我的学生，不能因为感到疲惫就放松对自己的要求，要全面关注学生的成长。同时，我必须坚持五育并举，促进学生的全面发展。此外，我还需要不断地自我提升，努力学习，以确保自己拥有扎实的专业素养，能够高效地完成这些"平凡而真实"的工作。

结合魏老师的讲话和平时学到的班级管理经验，我觉得好的习惯、好的方法真的可以让我们事半功倍。其实高效率的班级管理，是魏老师教学成功的一个不容忽视的重要因素。魏书生的班级管理强调培养学生的自我管理能力，激发学生的内在动力，以及建立和谐的家校关系。这些理念对我们具有极大的指导价值。近期，我借助这些良好习惯的力量，对我班进行了全面的改革。通过引入竞赛机制，学生养成了迅速整理内务的好习惯；通过代谢机制，学生学会了换位思考；通过协调机制，学生开始寻找自己的优点和不足；通过督导机制，学生培养了自我约束的习惯。得益于这些好习惯的养成，我们班在各方面都有了显著的进步。事实证明，良好的习惯能够塑造优秀的班级，而优秀的班级则能成就学生美好的人生。

我始终渴望成为一名优秀的班主任和教师，也一直在教育的道路上探索前行。遇到魏书生老师之后，我深刻理解了何谓大家风范。从他那里，我汲取了诸多教诲。正如古人所言，心之所向，身之所往，行而不辍，未来可期。这句话也更加贴切地反映了我自己的心声——我或许不会光芒万丈，但我心中有光，我将沿着魏老师的光辉，继续我的教育之旅。

士不可以不弘毅，任重而道远。在诺亚，我深刻感受到自己肩负的责任重大，但我无所畏惧。我们拥有众多志同道合的伙伴，共同学习和探索。有魏书生老师、刘秀祥老师等杰出的引路人，以及王董事长这样的卓越领导者，我们必将日益强大，散发出我们的光芒和热情。

优秀是习惯的总和

唐县启明高级中学　刘铠宁

不久前，诺亚集团成功举办的第二届培养良好习惯交流会，让我受益匪浅。每个人都有梦想，但梦想如何才能实现呢？这就需要良好的习惯来助力。

好习惯有很多，例如勤洗手、多阅读、见到老师主动问好，这些都是好习惯的体现。良好的习惯能显著提升学习效率，加深对学习内容的理解，从而取得优异的成绩。那么，我们应该如何培养这些好习惯呢？又有哪些好习惯是我们应当努力养成的呢？

首先，培养良好的阅读习惯。阅读不仅能丰富知识，还能拓宽视野。然而，在当前学生面临巨大学习压力的背景下，激发学生对阅读的热爱显得尤为艰难。尽管如此，我们仍可采取一些措施。第一，营造一个充满书香的环境，以增强学生的阅读意识。一个优质的阅读环境和氛围对于提升学生的阅读意识至关重要。因此，学校应结合实际情况，为师生创造一个良好的阅读环境，并营造浓厚的阅读氛围。同时，应根据高中生的年龄和认知特点，推荐适合他们的阅读材料，以提高他们对阅读的兴趣。例如，在历史课讲到三国时期时，可以引导学生阅读《三国演义》；在政治课学习新中国成立的意义时，可以鼓励学生阅读党史，从而更深刻地理解新中国成立的艰辛历程。第二，鼓励学生在阅读后进行分享和交流，使他们能够带着思考去阅读。为了确保阅读活动取得实效，并使其成为促进学生全面发展和提升综合素养的工具，学校应围绕阅读开展各种活动，通过活动激发阅读兴趣，通过阅读促进个人成长。例如，定期举办阅读分享会、读书笔记展览、读书小报比赛、绘本创作大赛、作文比赛和读书心得演讲等。这些活动的举办，将在一定程度上激发学生阅读的积极性和主动性，使他们带着思考去阅读。

其次，培养良好的运动习惯。正如启明高中教学楼上所展示的格言：“文明其思想，野蛮其体魄”，我们应当养成坚持运动的习惯。1917 年 4 月，毛泽东在《新青年》上发表《体育之研究》一文，其中论及“体育之效”时指出：“人的身体会天天变化。”所以，我们要坚持每天锻炼身体，多运动，保持良好的体魄。身体是革命的本钱。启明高中每日的晨跑活动，有效地锻炼了学生的体魄。在高中阶段的学习生活中，竞争不仅考验着学生的智力，同样也考验着他们的心态和身体素质。那些热爱运动的学生往往展现出更加积极向上的态度，他们能够更有效地调整和克服负面情绪，展现出更强的抗压能力。例如，在足球等团队运动中，学生们学会了协作，培养了坚定的意志和不屈不挠的精神。因此，鼓励学生们在课余时间参与体育锻炼是十分重要的。目前，许多学生选择在课后打羽毛球，这无疑是一个非常好的习惯。

最后，培养马上行动的习惯。在日常生活中，我们经常遇到这样的情况：想要阅读，却感到疲倦，于是选择放弃；想要锻炼，却感到劳累，于是决定不去……在着手任何事情时，我们总是会有一些顾虑，既担心自己无法完成任务，又害怕他人的质疑和否定，最终陷入无尽的犹豫和焦虑之中……对于任何需要完成的事情，我们应该立刻采取行动。对于任何渴望实现的愿望，我们应立即付诸行动。告诉自己，这件事我必须立刻去做，不容拖延。在行动时，鼓励自己，我能做到，我一定能够顺利完成。通过这样的自我激励，我们能够逐渐养成立即行动的良好习惯。

优秀，是一系列良好习惯的积累。良好的习惯将伴随我们一生，对我们的学习和生活产生深远的影响。

从现在起，让我们共同关注我们的言辞，因为它们会转化为行动；关注我们的行动，因为它们会塑造习惯；关注我们的习惯，因为它们会塑造性格；关注我们的性格，因为它们将决定我们的命运。

朱熹在《劝学诗》中说道：“少年易老学难成，一寸光阴不可轻。未觉池塘春草梦，阶前梧叶已秋声。”因此，我们应该从小处着手，从细微处改变，培养小习惯，成就大人生。

好习惯　好人生

唐县启明中学　陈　珊

叶圣陶先生曾语重心长地说："好习惯养成了，一辈子受用，坏习惯养成了，一辈子吃亏，想改也不容易了。"的确，好习惯是助推器，是助人腾飞的动力；坏习惯是枷锁，是难以挣脱的羁绊。

好的习惯可以让我们更加自信。当我们坚持做一些有益的事情时，我们会感受到自身的价值和成就感。

作为一名教育工作者，我逐渐培养了课后反思的习惯。每次上完课后，我会反思自己的课堂是否成功，以及在面对学生的错误与不足时，是否展现出宽容的品质。记得有一次，因为学生上课时搞小动作，我严厉训斥，结果一发不可收拾，浪费了一整节课的时间。下班回家的路上，我不由自主地又回想起这件事。面对一个个活泼可爱、天真无邪的孩子，他们学习不专心、嬉戏打闹、迟到、不听指挥、反复犯错，这都是常有的事。让学生不犯错误，只是我们的一厢情愿。尽管我们努力防止错误的发生，问题却依旧层出不穷。生命中的每一件事都有其意义。将孩子视为一个完整的人，纠正错误的过程，实际上就是引导学生自我教育的过程。

通过反思，我深刻领悟到，在面对学生的错误和不足时，教师应展现出宽容的美德。宽容不仅意味着对学生缺点、不足乃至错误的包容、期待和宽恕，更是一种对学生发展迟缓的耐心等待。教师的宽容是学生自信心的坚实盾牌，也是推动学生进步的重要动力。这样的做法带来了意想不到的收获：学生的听课效率显著提升，他们表示更喜欢我的课程了，上课和工作也因此变得更加轻松愉快。因此，教育工作者应当养成反思的习惯，并且持之以恒地坚持下去。

良好的习惯能够培养我们的自律性，而自律是通往成功的重要因素之一。坚持养成一些积极的习惯，我们会逐渐感受到自控力的增强，这有助于我们更有效地管理自己的情绪和行为。

我认识一位同学，他有一个不良习惯——拖延。他总是将任务拖到最后一刻才匆忙完成，这种做法不仅在学业上给他带来了沉重的压力，也影响了他的日常生活。结果，他的成绩起伏不定，生活节奏也变得异常紧张。

我有一位朋友，他每天坚持锻炼，维持健康的生活方式。这样的习惯使他保持了健康的身体和积极的心态。在学习和工作中，他都表现出色，成了众人效仿的典范。这个例子让我深刻体会到，良好的习惯是通往健康和成功人生的钥匙。

通过这些实例，我深刻领悟到良好习惯的至关重要性。我们应当致力于养成良好的习惯。首先，我们需要明确自己的目标，并制订出详细的计划。其次，我们必须持之以恒地执行这些计划，即使面临挑战也要坚持不懈。最后，我们必须对自身的行为进行反思与总结，持续优化我们的日常习惯。

在养成良好习惯的征途上，我们不可避免地会遇到挑战。然而，只要我们持之以恒，这些挑战终将被克服。

良好的习惯有助于我们更高效地管理时间。在快节奏的现代社会，我们常常因工作、学习和生活等多重压力而感到时间紧迫。然而，若我们能够培养出优秀的时间管理习惯，制订合理的计划、合理分配时间，便能更高效地完成任务，减轻压力。

良好的习惯有助于我们更好地控制情绪。在日常生活中，我们难免会遭遇各种挫折和困难，若不能妥善管理情绪，就容易被情绪所左右。养成良好的情绪管理习惯，如保持冷静、积极面对问题、寻找解决问题的方法等，将助我们更好地应对生活中的挑战。

良好的习惯有助于我们不断提升自我。学习是一个不断积累的过程，唯有持续学习，我们才能不断进步。培养良好的学习习惯，如每日阅读、定期学习、积极思考等，将助我们更好地吸收新知识，提升个人能力和素质。

总之，良好的习惯是塑造理想人生的关键。只有培养出良好的习惯，我们才能在成长的旅途上更加顺畅，才能拥抱健康、快乐和成功的生活。让我们从这一刻起，开始培养良好的习惯，打造属于我们自己的精彩人生！

养成良好习惯　书写人生华章

唐县六一小学　王欢欢

习惯，是指一个人长久坚持养成的不易改变的行为。巴金说："孩子的成功教育，从培养好习惯开始。"对于小学生来说，培养良好的学习习惯至关重要，它不仅是开启成功之门的金钥匙，更是引领学生抵达光明彼岸的坚实基石。

那么，如何培养良好的学习习惯呢？首先，必须树立坚定的求学意志。唯有持续保持这种意志，我们才能时刻保持清晰的思维，坚守自己的目标，并始终保持认真严谨的学习态度，为高效课堂打下坚实的基础。

预习是一种好习惯。若能在课前做好预习，听课时便能更加轻松。然而，在日常学习中，许多同学往往认为课前预习并非必需，理由是老师会在课堂上讲解，到时候集中注意力听讲即可。那么，预习真的没有用吗？非也。预习可以提高听课效率。在预习的过程中，我们可以清楚地知道课文中的知识哪些是自己明白的，哪些是自己不明白的。带着预习中的疑问去听课，听课的效率会提高不少。

预习有助于我们更高效地完成课堂笔记。在缺乏预习的情况下，我们往往只能盲目地记笔记，无法全神贯注地聆听。相反，若我们在课前进行了充分的预习，对书本知识有了初步了解，便能更容易地使我们的思维与老师的授课节奏同步。

预习能够培养学生的自学能力。每一次的预习都是一次独立阅读和独立思考的过程。随着预习次数的增加，学生的自学能力也会逐渐提高。

在每次新课开始之前，我深信大多数语文教师都会安排预习任务，我也不例外。我经常与同行们交流，发现我们面临的问题如出一辙：尽管布置了预习作业，但效果往往不尽如人意。问题在于，布置作业时往往只停留在表面，孩子们也常常敷衍了事，仅仅满足于形式上的完成。有的学生仅仅圈出新字词，便自信地声称已经预习，但一旦开始朗读课文，便暴露了他们并未真正预习的事实。甚至还有不少学生根本没有预习。实际上，我也意识到，问题不仅出在学生身上，我自己对预习的重视程度也不够。我通常只是要求学生圈出生字、标出段落，并朗读几遍课文，而缺乏足够的检测，导致孩子们的预习也变得形式化。现在回想起来，我们错过了许多提高课堂效率的机会。因此，影响孩子成绩的因素不仅仅是个人的努力和天赋，还包括良好的学习习惯。坚持课前预习，提升听课效率，是提高成绩的关键。

总是思考却从不行动，这正是拖延症的典型表现。那些成绩优异的学生，无一不是时间管理的高手。他们明确地知道何时该做何事，并且在做事时总是迅速而高效，从而能够高效地利用自己的时间。坦白说，我非常钦佩那些没有拖延症的孩子，他们的自制力实在令人赞叹。然而，这样的孩子是否占多数呢？答案是否定的。有些孩子在学校表现尚可，但一回到家就成了“拖延之王”。记得有一次与家长聊天，家长抱怨说，要孩子在家读书写字简直难如登天。我听后感到非常震惊，因为在我的印象中，孩子非常听话、自律，特别乖巧，为何在学校和家里会有如此大的差异呢？这让我想到了“爱学生是前提，教学生是艺术”。父母在家应给予孩子无微不至的关爱，但如果爱过了头，就变成了溺爱，正如那位家长所描述的情况。因此，爱与严格要求相辅相成，并非单纯地将所有的爱倾注于孩子身上就足够了。

那么，如何改掉拖延症呢？首先，必须培养学生的时间观念，才能改变学生拖拉的习惯，使其主动加快自己的做事速度。例如，可以对学生的学习提出一定的时间要求，事先设定需要的时间，然后鼓励学生以最快的速度保质保量地完成学习任务。规定时间一到，即使任务未完成，也要立即停止。家长也可以帮学生设计一张学习进度表，把每天学习的时间填进去，让学生在固定的时间学习，让他在潜意识里时刻提醒自己“现在就去做”“立即行动”，并坚持形成一种行为习惯，做到今日事今日毕。当看到学生拖延时，我们往往会感到愤怒，冲上去就是一顿训斥，虽然这种行为可能在一定程度上改变学生的拖延现象，却可能对学生的心理造成一些不良影响。如果再三提醒学生要快一点后，他依然在那里磨磨蹭蹭，不妨任由他去，让学生自己去品尝拖拖拉拉的自然后果。当学生体会到磨蹭会给自己带来损失之后，他就能够自觉地加快速度，这也不失为一个好方法。

人生如海，习惯作舟。行舟于海，方知海之辽阔；人生如山，习惯为引，循路攀山，方得山之雄奇；人生如歌，习惯为曲，和曲而歌，方解歌之优雅。让我们乘着良好学习习惯的帆船，怀抱希望与梦想，挥洒书写人生的华章。

培养好习惯 收获好人生

唐县启明中学 赵毅飞

如果人生是帆，那么习惯就是风；如果人生是船，那么习惯就是桨。良好习惯是我们学习、生活的根基，是我们健康成长的臂膀。

在人生的旅途中，每个人都会遇到各种各样的困难，有些人徘徊于岔路，不知所措；而有些人在困难面前坦然面对，从容不迫。这些截然不同的结果，往往源于他们各自不同的习惯。这便是习惯的力量，它决定了我们面对挑战时的不同结果。

孔子曰："少成若天性，习惯如自然。"这表明，少年时期形成的习惯，就如同与生俱来的本性一般，一旦习惯成自然，便仿佛是自然而然的事情。

从小，我们每个人都应当养成良好的习惯，如良好的饮食习惯（如愉快且安静地用餐，不挑食，不贪食）、良好的睡眠习惯（如定时就寝和起床），以及良好的卫生习惯和运动习惯。只有这样，我们才能拥有健康的体魄，而健康的身体是生活的基石，也是革命的本钱。

"好方法，事半功倍；好习惯，受益终身。"培养良好的习惯同样需要采取正确的方法。我们不应该过分追求好习惯以至于矫枉过正，也不宜急于求成。良好习惯的形成，是基于日常生活细节的积累，正如"聚沙成塔，集腋成裘"。这是一个逐步推进的过程，要求我们具备坚韧不拔的毅力和持之以恒的决心。"金无足赤，人无完人"，每个人都不可能拥有完美的自制力，这在情理之中。因此，在这个过程中，我们也需要他人的监督。

一、培养学生勤于思考的好习惯

在学习过程中遇到的难题，我们应当尽可能地独立解决，避免过分依赖他人。这样做不仅能够加深记忆，还能锻炼我们的理解力和解决问题能力。叶圣陶先生曾经语重心长地说过：“好习惯养成了，一辈子受用；坏习惯养成了，一辈子吃亏。”习惯决定未来，习惯改变命运，让好习惯成就学生的好人生吧！

二、培养学生认真预习、复习的好习惯

西汉时期的戴圣在其著作《礼记·中庸》中提到：“凡事预则立，不预则废。”这句至理名言向我们传达了一个深刻的道理：无论从事何种活动，预先的准备都是成功的关键，缺乏准备则可能导致失败。在讲授新课程之前，我总是鼓励学生利用参考书进行细致的预习，并使用标记笔在书本上突出显示关键点和难点，尤其是那些自己难以理解的部分，以便在课堂上能够集中注意力，并仔细聆听老师的讲解。通过预习，学生能够明确学习目标，识别课程的重点和难点，带着问题进入课堂，从而提升学习效率。复习则是减少遗忘、巩固知识的有效手段，它帮助学生将日常学习的零散知识点整合成系统化的知识结构，弥补知识上的不足。

三、培养学生认真书写的好习惯

“字怕练，马怕骑。”书法家柳公权告诉我们：“用笔在心，心正则笔正，笔正乃可法矣。”在董事长的引领下，学校正洋溢着一股积极向上的氛围。作为班主任，我每周都会给学生们布置书法作业。为了确保学生能够认真完成书法作业，我在每次练习时都强调“心无杂念”——即在练习期间不考虑其他作业，并要求他们在限定时间内“保质保量”地完成任务。对于那些特别出色的书法作品，我会给予“奖励”，以发挥其“榜样”的示范作用。同时，我深知“字无百日功”的道理，因此鼓励学生珍惜每一次作业的机会，将“认真书写”培养成一种良好的习惯。

四、让学生养成认真阅读的好习惯

南宋理学家朱熹告诉我们："读书有三到，谓心到、眼到、口到。"在日常教学中，我总是强调学生应当全神贯注地阅读，避免分心；在阅读时要积极思考，遇到难题时要努力寻找解决之道；并且要抓住每一个朗读的机会——无论是在晨读课、语文课上还是在家中，确保真正做到了"口到"。同时，作为教育者，我鼓励学生广泛阅读优质书籍。正如唐代伟大诗人杜甫所言："读书破万卷，下笔如有神。"学习不应仅限于课堂，课外阅读同样重要，它能够拓宽视野，丰富知识。学生应当从众多的课外读物中挑选适合自己水平和兴趣的书籍，培养起持续的课外阅读习惯。

西汉刘向也告诉我们："书犹药也，善读之可以医愚。"在我的引领下，同学们逐渐培养起了阅读的兴趣，班级中的阅读佼佼者，如赵从丹、贾梦璇、苑佳欣等同学，在"班级阅读"活动中竟然达到了 13 万字的阅读量！

五、让学生养成认真写作的好习惯

鲁迅先生告诉我们："作者写出创作来，对于其中的事情，虽然不必亲历过，最好是经历过。"在指导学生撰写作文时，我鼓励他们描绘亲身经历，采用的方法是让学生写"观察日记"或续写"班级故事"。我设计了一些游戏，如"功夫""傻瓜捉傻瓜""拍马屁"等，这些游戏深受学生喜爱。之后，我会引导他们根据游戏体验撰写作文。同时，我也会教学生们现代诗的创作方法，并与学生共同探讨和创作。至今，我们共同创作了 70 多首现代诗，包括《学习如赶路》《与诺亚并肩前行》《书法比赛就是好》《美丽启明大变样》等。此外，我还辅导学生创作了《启明，我爱你》《幸福诺亚》《垃圾分类，我在行动》《启明让我的童年更加快乐》《小康路上，筑梦前行》等文章。通过这些写作活动，学生们体验到了写作的乐趣。

充分发掘孩子身上的种种优点，培养他们的种种良好习惯，锻炼和养成他们健康的心理和人格，这是教育的神圣使命。正如教育大师魏书生所说："行为养成习惯，习惯形成品质，品质决定命运。"所以，在以后的教育教学中，我会继续引导学生养成各种良好习惯，让好习惯成就学生的美好人生！

行远自迩 笃行不怠

唐县启明高级中学 柳天娇

2023年10月，我校成功举办了第二届培养良好习惯交流会暨教育创新发展论坛，魏书生老师、刘秀祥老师等教育界名师莅临我校，我也荣幸地听取了各位老师的报告，再次深刻地认识到了习惯的重要性。

在众多老师的分享中，我深刻地领悟到习惯是一种顽强而巨大的力量，它可以主宰人的一生。与总结我拥有哪些习惯相比，我更倾向于思考我应当培养哪些习惯，并付诸实践。

要养成自愈的习惯。自愈是一个平衡心态、稳定情绪的过程。培养自愈的习惯，可以从以下几个小习惯开始。首先，要保持初心。牢记最初的信念，目标会变得更加明确。一旦有了明确的目标，我们就有了前进的方向和动力。坚持不懈地追求，我们就能更容易与更广阔的世界建立联系。换句话说，保持初心使我们意志坚定，执着追求可以打开我们广阔的视野。其次，要发现自己的优点。每个人或多或少都会经历情绪低落甚至自我怀疑的时刻，而发现优点正是打破困境的关键。发现优点让我们看到自己的闪光点，认识到自己的优势和美好，避免全面否定自我。在逆境中，优点就像一束光，它能撕开消极和抑郁的阴霾，照亮前行的道路。这束光，既是微弱的萤火，也是熊熊的火炬，可以帮助我们重燃信心，坚定前行。可以说，发现优点让我们不断地自我拯救和治愈，重拾自信，助力重新启航。最后，要保持一颗淡然的心。淡然不同于消极的“躺平”，它是一种允许一切自然发生的豁达和开阔，是一种远离世俗物欲和名利的心态。淡然更像是一种境界，让我们看淡一切，获得解放，消解执着，享受生命最纯粹的快乐。保持初心，不断发掘自身的优点和长处，保持一颗淡泊的心态，这些都是日常生活中可以持续实践的小习惯。我希望能够坚持不懈地做到这些，使之成为习惯，帮助我成为一个拥有持续目标动力、情绪稳定并能享受生活的人。

养成自学的习惯。作为一位教师，肩负着传授知识、解答疑惑的使命，必须具备“博学多识，通晓古今”的自信，而这种自信源于不断学习和自我提升。为了增强自己的听说读写专业技能，教师应学习并掌握讲课技巧，广泛阅读国内外经典文学作品、教育学专著以及心理学相关书籍，并坚持撰写日记、进行写作练习和日常写作。此外，教师还应注重个人素质的提高，积极培养个人特长，努力成为专业技能和生活品位并重的榜样。

养成敢担当、会担当的习惯。勇于承担责任意味着积极面对挑战，而善于高效执行则体现了高效率完成任务的能力。在不同的集体中，我们应有针对性地承担相应的责任。作为教师，由于职业的特殊性，我们不仅要承担相应的责任，还要关注学生的集体意识和责任感。例如，可以实施“学生自己能看会的，班委不讲，班委、课代表能讲的，科任老师不讲”“小组成员会的不问老师”的原则，以培养学生自主思考的习惯，同时提高学生的集体意识，形成爱学、会学、互助的班级氛围。

养成自省的习惯。我们要深入反思和审视自己的言行，并对不足之处进行总结。通过复盘揭示问题的核心本质，并提出有针对性的解决策略，我们才能够提升解决问题的能力。

养成自愈的习惯本质上是塑造一种积极的心态，而养成自主学习的习惯则是提升个人能力的关键。当一个人既拥有自我修复的心态，又具备卓越的能力时，他在个人层面上已经达到了合格的标准。然而，仅仅合格是远远不够的。我们还需要以自身能力为基础，以积极的心态为后盾，勇于承担责任，敢于担当并善于担当，为自己的人生增添光彩。同时，要注重个人的反思与复盘，发现问题并有针对性地进行改进，形成个人发展的良性循环。从心态的培养到能力的提升，再到承担责任的勇气和自我复盘的习惯，是一个全面的、链条式的习惯养成过程。让我们从细微之处着手，持之以恒地朝着既定目标前进。

养成良好习惯，做受欢迎的老师

唐县六一小学　刘月红

如果说好习惯成就好人生，那么我想说：教师的好习惯，会让我们成为受欢迎的老师。

今年的深秋是温暖的，因为诺亚集团又一次成功举办了培养良好习惯交流会暨教育创新发展论坛。此次活动不仅为我们教师提供了指导，帮助我们更好地教育学生，也促使我深思：作为教师，我们应如何培养良好的习惯，以积极影响我们的学生？

首先，一个积极上进的人应当培养制订短期计划的习惯。对于教师来说，应在学期伊始深入思考新学期的班级工作，并结合学校的要求，拟定详尽的计划。计划应涵盖常规管理、特色活动等，明确班级的学期目标以及每月、每周乃至每日的教育和活动安排。遇到特殊情况时，应及时调整班级计划，并在教育活动栏目中更新内容。有时，工作的成效并不取决于你有多大的热情，而在于你如何有效地应对、熟练地处理每一件事情。因此，在计划的实施过程中，可以让学生参与计划的制订、执行、调整和记录，让他们体验到有计划地实施和完成一项工作的成就感。当然，更重要的是让他们认识到制订计划的好处，从而启发他们养成制订短期计划的习惯。

其次，教师应养成时间管理的习惯。教师的工作十分烦琐，若不能高效地管理时间，将难以在纷繁的工作中游刃有余地应对各种挑战。教师不仅要在职业生活中注重时间管理，还应在教学过程中潜移默化地引导学生学会有效管理并利用时间。例如，教师可以与学生共同制订单元学习目标和计划，通过完成作业、达成既定成绩标准等指标来实现这些目标。在此过程中，教师应鼓励学生自主参与，因为这不仅有助于学生更好地掌握时间管理，还能通过小组合作和互相监督来确保计划的执行，让学生明白何时该做何事，从而合理分配时间，避免时间的浪费。通过这样的方式，学生将逐步培养出良好的时间管理习惯。

最后，教师应养成带着微笑步入课堂的习惯。这样的笑容无疑会带给学生一种强烈的亲和力，进而显著提升教师的个人魅力。同时，它也会极大地激发学生的学习兴趣和动力。然而，有些教师在学生面前显得专横傲慢，居高临下，即便在批评学生后意识到误会了学生，也不愿意向学生认错，担心说一声“对不起”会损害个人的地位和尊严。实际上，教师犯错时，学生们看得一清二楚，无论怎样掩饰都是徒劳的，倒不如坦率地主动认错。知错能改，善莫大焉。记得在网课期间，有位教师在上课时不小心将全体学生静音，却仍指名学生回答问题，导致学生无法回答，而且教师未查明原因便将学生移出学习群。事后，即便教师了解了真相，也未向学生道歉。最终，还是其他同学将被踢出的学生重新拉回学习群。此事引起了学生的广泛议论，家长们也表达了不满。教师每天面对的是对未来充满憧憬和希望的学生，其一言一行都在无形中影响着学生。微笑不仅能够提高学生的学习兴趣、增强学生的自信、改变学生的性格，还能建立良好的师生关系，提升教学质量。仅仅一个微笑就有如此大的功效，我们何乐而不为呢？

随着岁月的沉淀，我们将不断进步，养成良好的习惯。这样，我们才能成为一位优秀的老师，启迪并引导一代又一代的学生实现他们的梦想！

好习惯成就精彩人生

唐县启明高级中学　杨婧怡

著名教育家叶圣陶先生说过："积千累万，不如养个好习惯。"好习惯是通向成功大门的钥匙，往往会助我们一臂之力。

诺亚集团举办的培养良好习惯交流会在提升教育教学质量、改进教育教学方法、培育德智体美劳全面发展的社会主义接班人等方面带来了许多积极影响。通过这次活动，不仅同学们的行为有所改变，而且老师们的行为也有了明显改善。

对于教育来说，学生在学校不仅要学好科学文化知识，更应注重能力的提升和良好习惯的塑造，这正是以人为本的素质教育理念的核心所在。习惯的养成需要日复一日的坚持，而学习的成效则源于每日不懈的努力和积累。校园中，师生的良好习惯随处可见。作为教师，我们不仅要求学生培养良好的习惯，更应以身作则，树立良好的行为典范。重视细节的教育，用我们自身的好习惯潜移默化地影响学生，这才是最有效的无声教育。只有自觉地养成并持之以恒地坚持良好的习惯，我们才能在平凡的岗位上创造出非凡的成就。

没有与时俱进的成长和素质的提高，教师将难以履行其引导学生成长的重要使命。学习是教师实现自我成长的主要途径。苏联教育家加里宁说过一句话："教师一方面要献出自己的东西，另一方面又要像海绵一样，从人民中、生活中和科学中汲取一切优良的东西，然后再把这些优良的东西献给学生。"要成为一名优秀的教师，必须养成学习的好习惯，善于发现别人的长处，虚心学习别人的优点，只有这样才能积小善为大善，积小能为大能。孔子曾经说过："三人行，必有我师焉。"每个人都有自己的闪光点，都有值得他人学习的地方。教师通过向周围的人学习，能够吸取营养、丰富经验，向学生学习则能拉近与学生的距离，增进情感交流。每个学生都各有所好、各有所长，教师要善于发现学生的闪光点。如果教师能够以孔子为先例，把自己当成学生，虚心向学生学习，真诚地做到不耻下问，那不仅是对自己学识的充实，也是对学生学风的熏陶。例如，在使用白板多媒体教学时，我有时会忘记某些操作步骤，学生们总是热心地一步步指导我；在课堂上读错字时，他们也会积极地纠正我的发音。总之，无论向谁学习，关键在于将他人的知识内化为自己的，这样学习才能真正发挥其作用。因此，教师必须持续学习，不断自我提升，以实现个人的不断充实和成长。

为了更好地激发学生养成良好行为习惯的积极性，我在上课时自己首先以身作则、率先垂范：每次上课时，提前两分钟到教室候课；讲课时声音洪亮，板书时写字规范。在我的坚持下，在学生们的提醒、监督下，我每天提前到教室，字也写得比以前规范了。由于刻苦钻研，我讲课的质量也有了明显提高。“德高为师，身正为范”，在我的带领下，学生们也开始自检自省、自我提高、互相监督、共同进步，班内师生间、生生间形成“比学赶帮超”的和谐氛围。

魏书生老师在教育学生的过程中，根据学生的个性特点，提出了培养良好习惯的有效方法——“七个一分钟”。这个方法听起来简单易行，似乎每个人都能轻松完成，但长期坚持下来，学生所获得的远不止这七项基本技能。他注重细节，强调从日常小事入手，引导学生养成诸如劳动、观察和珍惜时间的良好习惯。魏老师要求学生做到的，远超过这些行为本身的价值，因为良好的习惯一旦养成，学生的综合能力也将得到显著提升。

美国著名成功学大师拿破仑·希尔说：“习惯能够成就一个人，也能摧毁一个人。”习惯影响人生，习惯决定命运。好的习惯一旦养成，会使人受益终身；而一旦染上恶习，会使人误入歧途。一个习惯的培养非一朝一夕可以完成，它贵在坚持，也难在坚持，它一旦形成就会有旺盛的生命力和持久性，常常会与人相随一生。当一个人养成了良好的习惯，他的生活就会变得丰富多彩，他的人格魅力便会得以绽放，他的事业就会蒸蒸日上！

好习惯成就好人生

唐县启明高级中学　袁龙涛

作为班主任，我始终坚信，好习惯成就好人生。在我看来，一个学生，尤其是高中生，养成好的习惯是非常关键的，这不仅会影响他们的学习成绩，还会影响他们的社交能力和未来的职业发展。

那么，什么是好习惯呢？我认为，好习惯包括很多方面，例如认真听讲、按时完成作业、主动帮助他人、礼貌待人等。这些习惯看似微不足道，却是学生成长过程中最重要的基石。

我曾经有一个学生，他总是坐不住，容易分心，这让他在学习上非常吃力，成绩一直不尽如人意。我意识到，这或许是因为他尚未养成良好的学习习惯。因此，我开始更加关注他的行为，并努力引导他逐步养成良好的学习习惯。

首先，我让他认识到认真听讲的重要性。我向他解释，在课堂上，唯有全神贯注地聆听，方能领悟教师所传授的知识，从而真正掌握它。此外，我还向他传授了一些实用的技巧，例如在听课时注视教师的眼睛、认真做笔记等。

其次，我引导他培养按时完成作业的良好习惯。我告诉他，作业是巩固当天所学知识的关键途径。若无法按时完成作业，就会错失巩固知识的宝贵时机，进而影响学习成效。同时，我还教授了他一些时间管理的技巧，例如制订一个切实可行的学习计划、合理安排时间等。

经过一段时间的不懈努力，这名学生的行为发生了显著的转变，他的学业成绩也开始逐步提升。这更加坚定了我的信念：良好的习惯对于学生的成长至关重要。

当然，养成好习惯并不是一蹴而就的，它需要长期的引导和教育。作为班主任，我们要时刻关注学生的行为和表现，及时发现并纠正不良习惯。同时，我们也要以身作则，成为学生的楷模和榜样。

在教育学生的过程中，我们还要注重方式方法。要尽可能采用引导、启发、鼓励等方式，帮助学生认识到自己的不足和需要改进的地方，避免使用惩罚、批评等负面方式来纠正学生的不良行为。

假设一名学生在数学考试中取得了不理想的成绩，如果教师仅限于批评，导致学生感到沮丧和失望，那么他可能会对数学产生反感，甚至考虑放弃这门学科。然而，如果教师能够耐心地指导他，帮助他识别自己的不足之处，并激励他通过勤奋学习来提升成绩，那么这名学生可能会重拾信心，对数学重新燃起兴趣，并逐步取得进步。

同样，对于学生的优点和长处，我们应当尽可能地给予肯定和鼓励。例如，当一个学生在体育方面表现出色，但文化课成绩不尽如人意时，如果老师仅关注他的文化课成绩，他可能会感到被否定和失落。然而，如果老师能够认可他的体育成就，并鼓励他在文化课上也付出努力，那么他可能会感受到被关注和支持，进而更有动力去提升自己的文化课成绩。

除了学习习惯外，好习惯还包括很多其他方面，比如尊重他人、诚实守信、积极向上等。这些习惯对于一个人的成长和发展都非常重要。作为班主任，我们要全面关注学生的各个方面，帮助他们养成更多的好习惯。

在班级管理方面，我们也可以通过制定班规、建立奖惩机制等方式来促进好习惯的养成，激励学生积极向上、争做好事。同时，对于违反班规的行为也要有相应的惩罚措施，让学生明确自己的错误并加以改正。

总之，好习惯成就好人生。作为班主任，我们要注重培养学生的好习惯，帮助他们成长为更优秀的人才。同时，我们也要不断探索创新教育方式方法，努力成为更好的教育者！

良好习惯成就好人生

唐县启明中学　姚莎莎

2023年10月17日至20日，全国知名的教育改革家魏书生、党的二十大代表刘秀祥以及其他教育界的名师、名校长应邀参加了诺亚集团举办的第二届培养良好习惯交流会暨教育创新发展论坛。我有幸作为参会人员之一，聆听这些教育大家的育人理念。

为了更好地实施"五项管理"，落实好"双减"工作要求，我校一直积极响应政策，努力培养学生养成良好习惯，促进学生全面发展。魏老师作为这方面的教育大家，在此次论坛上分享了自己的宝贵经验。魏老师的演讲深入浅出、平实幽默，拿自己曾经的教学工作经历举例，他那朴实而幽默的人格魅力，深深地吸引了我。

魏老师特别重视学生养成良好的学习习惯。他认为，行为养成习惯，习惯塑造品质，而品质则决定了命运。他强调了课前预习的重要性，指出学生若能在学习过程中培养起课前预习的习惯，将能更好地跟上老师的思路。然而，遗憾的是，大多数学生尚未养成这一习惯。可能在他们看来，课堂上的新内容没有必要提前预习，即他们尚未意识到课前预习的好处。因此，在未来的教学工作中，我们需要更多地向学生强调课前预习的好处，并努力培养学生养成这一习惯。

在演讲交流中，魏老师还提到了以人为本的班级管理理念。魏老师强调了这样一句话："凡是学生能办的事，班干部不要干，凡是班干部能干的事，班长不要干，凡是班长能干的事，班主任不要干。"

魏老师的话语深深触动了我，他所提倡的方法能够最大限度地让学生参与班级管理，有效减轻教师的工作负担，并且极大地激发了学生参与管理的热情。因此，我们应当鼓励学生充分展现自己的才华。在未来教学过程中，我要向魏书生老师学习，更多地让学生在学习和班级管理中施展才能。

培养良好的习惯至关重要，尤其在学习过程中，课后复习巩固以及整理错题集的习惯不可或缺。

尽管大多数学生具备复习的意识，但总体上仍显不足。仅仅看几眼书，怎能称之为有效的课后复习呢？学生若不能在课后进行充分复习，知识掌握不牢固，那么学习成绩便难以提升。因此，教师应当经常督促学生，引导他们养成良好的复习习惯。

首先，教师可以在课堂上提醒学生，指导他们如何进行复习，帮助学生适应本学科的复习进度。其次，课后也应不断强调复习的重要性，逐步培养学生养成课后复习的良好习惯。

魏书生老师提倡的自主留作业的习惯，同样值得我们借鉴。虽然每位学生的学习能力存在差异，但教师安排的作业通常是基于大多数学生的平均水平。对于那些成绩优异的学生来说，一些基础性的作业可以迅速完成，或者说他们已经掌握了的知识无须再投入额外时间。因此，这些尖子生可以根据自己的实际情况来安排作业，而其他同学可以根据自己的学习水平来定制适合自己的作业，实现有针对性的学习。通过自我提问、自主布置作业、深入探究难题以及独立解决问题，学生才能逐步提升自己的成绩。

当学生有目标后，需要逐步朝着自己的目标前进。魏书生老师讲到要有“大事做不来，小事赶快做”的习惯，不要拖延，先做小事或设定小目标、小计划，再按照自己的计划去实行。制订计划之后，遵循计划执行的过程同样是一种优秀的习惯。

魏书生老师在授课过程中特别强调了“一分钟注意力训练”和“一分钟写日记”的重要性。所谓一分钟注意力训练，即指导学生在一分钟内进行记忆或背诵练习，以此来锻炼和提升他们的专注力。通过持续进行一分钟注意力训练，学生能够逐渐增强集中注意力的能力。长期坚持，不仅有助于提升学习成绩，还能有效延长课堂上的专注时间。

一分钟日记法旨在培养学生的日常写作习惯。每多一个好习惯，就为未来成功增添了一分可能。语文学习是一个长期积累的过程，通过培养一分钟日记的习惯，可以在有限的时间内提升学生的能力。良好习惯的养成并非一蹴而就，而是需要持续不断的努力。作为教师，我们应不断督促学生，帮助他们养成良好习惯，从而提高学习效率。

总的来说，培养良好的习惯对学生的学习具有显著的积极影响。教师作为学生的榜样，在引导学生养成良好习惯的过程中，也应以身作则，通过潜移默化的方式影响学生，从而帮助他们逐渐养成良好的习惯。

学习习惯的培养至关重要，生活习惯的养成亦是如此。中学生天性爱玩，即便制订了详尽的计划，也往往难以执行。因此，确保计划的执行成了关键。班级管理可以采用小组制度，由组长负责监督，并让学生自我审视自己的行为。在良好习惯的形成过程中，教师扮演着引导者的角色，因此，教师必须持续关注学生的发展。

学生培养良好习惯必须从细节入手，比如坐姿、阅读姿势、早读时的音量等。作为教师，我们应当与学生构建和谐的师生关系，深入了解学生的需求，与学生共同营造积极向上的班级氛围，并引导他们养成良好的学习习惯和行为习惯。

习惯成就人生

唐县启明中学　赵娜敏

培根曾说："习惯是一种顽强而巨大的力量，它可以主宰人生。"确实，培养良好的习惯是塑造美好人生的关键。对于每个人而言，养成良好的习惯都至关重要。

教育是培养良好习惯的关键途径。聆听魏书生老师的讲座后，我对教育有了更深刻的认识。新时代的教师们怀揣着真诚、善良与美好的心灵，而在教育过程中培养学生的良好习惯显得尤为重要。良好的习惯不仅体现了教师的道德修养，也是确保教学质量的前提，更是构建健全人格的基石。正如中国伟大的教育家孔子所言："少成若天性，习惯如自然。"从小培养的良好习惯，如同天性般坚不可摧。无论是学生还是教师，都应致力于做正确的事，养成良好的习惯，从小事做起。只有这样，我们才能将正确的事情做得更加正确，将美好的事情做得更加出色。

谚语有言："播种行为，收获习惯；播种习惯，收获人生。"习惯既能塑造一个人，也能破坏一个人。自然，每个人身上都兼有好习惯与坏习惯，而成功的机会往往取决于好习惯的比重。人生宛如一场好习惯与坏习惯之间的较量，唯有坚持好习惯的人，才能最终登上成功的列车。

习惯是人生的主导力量，它们如同我们身上的指南针，引导着每个人的行为。以我为例，自从成为一名历史教师，我便深刻体会到这一点。最初接触历史学科时，我感到困惑，一些历史事件的记忆也变得模糊，甚至被遗忘。于是，我坚持每天阅读一则历史小故事。现在面对历史知识，我能够信手拈来。只有持之以恒，习惯才能成就人生。历史上，习惯成就伟人的例子比比皆是。以伟大的作家鲁迅先生为例，他自幼培养了良好的习惯，从不迟到。他严格要求自己珍惜时间，时刻提醒自己要提前行动。我们还记得他在书桌上刻下的“早”字吗？长期的坚持，使习惯根深蒂固。这位以“小跑走完一生”的作家，这位马克思主义者，用他的行动在中国乃至全世界的文学史上留下了深刻的印记。由此可见，行为习惯对一个人的综合素质具有决定性的影响。对于学生而言，这一点尤为重要。

作为一名教师，我经常看到这样一种现象，每逢周末休息时，有的学生不写作业，甚至在开学前夜匆忙赶工，自诩“一支笔，一个夜晚，创造一个奇迹”。实际上，这反映的是行为习惯和学习方法的问题。众所周知，21 天可以培养出一个好习惯。良好的习惯和方法是提高学习效率的关键，能让我们学得既轻松又愉快。如果在每件事上都能养成好习惯，比如上课时全神贯注、积极思考难题、踊跃参与讨论、课后认真复习、及时完成周末作业，持之以恒，你必将脱颖而出。昨日的习惯塑造了今天的你，今日的习惯将决定明天的你。因此，从现在开始行动，创造一个美好的未来。

拿破仑·希尔也说过：“习惯能够成就一个人，也能摧毁一个人。”习惯有优劣之分，良好的习惯犹如我们在银行中存入的一笔巨款，其产生的利息足以让人终身受益。良好的习惯并非与生俱来，关键在于后天的培养。习惯的养成始于日常小事，如每天起床、洗脸、刷牙等，随着时间的积累，这些小习惯逐渐固化成为我们生活的一部分。播种一个好行为，就会收获一个好习惯。播种一个好习惯，就会收获一个好性格。播种一个好性格，就会收获一个好人生。不管是学习习惯还是生活习惯，只有坚持下去，才能成就美好的人生。那如何做呢，其实也很简单。在日常生活中，我们可以坚持早睡早起，独立完成个人事务。在学习方面，我们应当做到准时上课，不迟到不早退，课前做好预习，课堂上积极参与，课后及时复习。只要持之以恒，成功终将属于我们。在每个人的心中，我们都是自己故事的主角，而如何演绎这一生，很大程度上取决于我们是否拥有良好的习惯。习惯虽无形，却无时无刻不在塑造我们的生活。只有养成良好的习惯，我们才能生活得更加精彩。面对问题时，要经常自我反省，遇到事情不要拖延。“好习惯养成了，一辈子受益；坏习惯养成了，一辈子吃亏。”这是著名教育家叶圣陶说的。可见，优秀不是一种行为，而是一种习惯。只有养成习惯，才能活得更好，才能足够优秀。

习惯，是人生路上进步的阶梯。如今岁月安稳、青春正好，让好习惯赋予我们进步的力量，带领我们奔赴山海，勇往直前！

好习惯成就好人生

唐县启明高级中学　于　趁

哲学家培根说："思想决定行动，行动决定习惯，习惯决定品质，品质决定命运。"显然，习惯与成功之间存在着紧密的联系。纵观历史，那些拥有良好习惯的人往往能够达到各种形式的成功；相反，那些养成不良习惯的人，几乎不可避免地会遭遇失败。在我们的日常生活中，即使是微小的进步或收获，也代表着一种成功。人生的成败往往仅一线之隔，而这一线之差，正是由我们日常习惯的优劣所决定的。

习惯是我们日常生活中行为和思维模式的积累，它对我们的生活产生着深刻的影响。因此，我们应当不断培养好习惯，从好习惯中收获更加美好的未来。

自从加入高中班主任的行列，我逐渐养成了早起的习惯。现在，我依然保持着这个良好的习惯，每天清晨5:15，闹钟一响，新的一天便正式开始。我抓紧时间，快步走向教室，发现最勤奋的学生们已经坐在那里埋头苦读。目睹他们专注学习的模样，我的心中充满了感动——这些早起努力的学生，未来定将充满希望。早起的时光总是格外充实，它让我有更多机会观察学生的学习状态，并进行适当的体育锻炼、阅读或是准备一天的任务，从而以更佳的状态投入工作和学习中。在保持早起习惯的同时，合理的计划安排同样重要。每日的计划清单帮助我们有效管理时间。在清单中，应明确列出必须完成的任务，并将紧急且重要的事项优先处理。通过日复一日的清晰规划，我们能够使工作和生活更加高效、从容。

坚持每日学习与实践，培养自律与持之以恒的品质。班上有一位同学，每堂课上我都能看到他那专注而渴望知识的眼神。自习时间，他更是埋头学习，写满数字和公式的草稿纸堆叠如山。虽然他并非班上最聪明的学生，但那份日复一日、从不懈怠的自律精神，使他成了最勤奋、最上进的代表。无论是清晨，还是深夜，他总是在坚持学习。终于，在无数次量的积累之后，他迎来了质的飞跃。从普通班到实验班，从 400 多分到 500 多分，正是自律与不懈的学习态度让他不断进步。对于同学们而言，培养每日学习并持续实践的良好习惯，将有助于大家不断前进。对于我们的日常工作，这样的习惯同样有益。它能帮助我们养成高效的工作方式，如合理规划任务、集中注意力、善于总结等，从而提高工作质量，使教育教学和班级管理工作取得更佳成果。

另外，我们还应该养成良好的卫生习惯，如勤洗手、保持环境整洁等。良好的卫生习惯有助于提升我们的体质和免疫力，预防疾病的发生。

好习惯还可以帮助我们建立良好的人际关系。尊重、关爱和善待他人等积极的行为习惯能够促进人际的亲密与和谐，构建起稳固的人际关系网络。同时，坚持诚实守信，有助于树立我们的信誉和形象，从而赢得他人的尊重和信任。

总之，良好的习惯贯穿于我们生活的方方面面，对我们的生活产生深远的影响。通过培养良好的习惯，我们能够更有效地管理时间、维护健康、提升学习与工作的效率，并且构建和谐的人际关系，进而迈向更加丰富和美好的生活。

做家长认可的教师

唐县启明高级中学　高永涛

2023年10月18日至19日，河北诺亚集团成功举办了第二届培养良好习惯交流会暨教育创新发展论坛。我有幸参与了此次盛会，并聆听了众多教育专家的深刻见解。这些见解让我受益良多，进一步坚定了终身从事教育事业的决心。

为了提升我校教师的教育教学能力，董事长不辞辛劳，邀请了来自全国各地的教育专家和名师来校交流经验。其中包括被誉为“当代孔子”的魏书生，以“背着母亲上学的最美教师”著称的刘秀祥，全国名师、宜昌一中校长付全新，以及既是教育部特聘专家又是我校资深教授的王建宗等。他们的讲座生动有趣、内容丰富，让我们接触到了教育领域的最新动态，吸收了许多创新的教育理念。在此，我特别想深入探讨魏书生老师的教育思想。

魏书生老师年逾古稀，德高望重，却坚持站着做讲座，而且一站就是几个小时。他与在场的所有老师“说说心里话”“一起聊聊天”，以春风化雨般的温柔和循循善诱的态度，使所有教师不由自主地点头微笑，收获颇丰。魏书生老师以其高尚的人格魅力、丰富的知识储备、勤奋刻苦的探索精神以及与时俱进的教育理念，不断激励着在座的每一位教师。大家深有感触，在教育这条漫长的道路上，唯有持续学习、不断探索、勇于创新、不断提升自我，才能确保教育之花永远绽放、教育之泉永远涌流。

魏书生说：“什么是教育？教育就是帮助人养成良好习惯。行为养成习惯，习惯决定品质，品质决定命运。”多年的教育实践让我们深刻认识到，无论是日常生活还是工作，人的一生中大部分行为都受到习惯的驱使。良好的意愿能够引导积极的行为，而积极的行为又能够培养良好的习惯。良好的习惯进一步塑造优秀的品质，形成正向循环，推动个人素质不断提升。因此，学校教育的使命在于立足学生长远的生存和发展需求，切实地培养学生的行为习惯、生活习惯和学习习惯，为学生的终身发展打下坚实的基础。

同时魏老师还强调："我们要用平平常常的心态、高高兴兴的情绪，快节奏、高效率地多做平平凡凡、实实在在的事情，学会把平凡、实在的事情做得有滋有味、有声有色、如诗如画、如舞如歌。"我们要在为自己、为亲人、为集体、为国家尽到责任的同时，每时每刻都享受到生存的快乐和幸福。

魏书生老师的教育理念对我产生了深远的影响，尤其是他注重细节、追求完美的态度，是我一直努力追求的。记得有一次，在解答一道选择题时，题目描述了一幅迷人的场景：青春洋溢的少女、金碧辉煌的宫殿，以及荔枝、葡萄、苹果和"鸭脚"等。乍看之下是一幅和谐美好的画面，然而，细看之下总觉得有些不协调之处，但又难以指出具体是哪里出了问题。我本想忽略这种感觉继续答题，但恰巧想到了魏书生老师在讲座中提到的对待工作的态度。我想如果魏老师遇到这样的题目，他一定会追根究底。于是，我重新审视题目，终于注意到"鸭脚"这个词显得格格不入。经过一番研究，我明白了"鸭脚"实际上是指形状像鸭脚的银杏叶！这样一来，整个画面就显得协调而美丽了。我将这个知识点分享给了我的学生们，解开了他们的疑惑，并且我也松了一口气，因为我没有误导学生，而是传递了正确的知识。感谢魏老师的教育思想，它指引我在教育工作中注重细节，保持对问题深入探究的态度。

"事事有人做，人人有事做"的理念也是曾经身为班主任的我一直坚持的带班秘籍。在教育教学的过程中，我始终以身作则。例如，当我注意到室外走廊上有污迹时，我会立即拿起拖把进行清洁；发现室内有垃圾时，我会毫不犹豫地弯腰捡起。经过几次这样的示范，学生们开始主动向我请求任务："老师，走廊的卫生以后就交给我吧！""老师，室内卫生我来负责，我会确保地面不再有垃圾！"我发现，教师直接分配任务的效果可能不如学生主动承担任务来得有效。因此，我学会了把握时机，巧妙地引导学生，让他们主动向我“索取”工作，从而更有效地激发他们的积极性，确保每项工作都能得到妥善完成。

学校无小事，处处是教育，教师无小节，处处皆楷模。古人云：“其身正，不令而行；其身不正，虽令不从。”教师的率先垂范，比任何说教都来得有效。要求学生做到的自己要先做到，这样无声的教育才是真正的有效教育。“播下一个行动，收获一种习惯；播下一种习惯，收获一种性格；播下一种性格，收获一种命运。”好的习惯能有效地促进教师的专业成长，并成为教师成功的基石。

本次论坛极大地开阔了我的视野，并使我在思想认识上有所提升。在未来的工作中，我将努力将各位专家的理念付诸实践。我坚信这将有效提升学生的学习效率，丰富我的教学经验，并推动我的持续成长。

期待明年第三届培养良好习惯交流会的召开！

先抓习惯，再谈成绩

唐县启明高级中学　高立朋

教育，这个词，真的是个千面女郎，不同的人有不同的解读，但在我眼中，教育，不能只关注成绩，更要注重培养学生良好习惯。

良好的学习习惯犹如园丁的定期灌溉，让知识的花朵在学生心田中茁壮成长。定期复习，宛如每日的阳光，使知识在脑海中的印象更加深刻；制订学习计划，恰似绘制成长蓝图，让学习之路更加清晰；积极参与课堂讨论，仿佛与同伴们的互动游戏，让学习充满探索的乐趣。

良好的行为习惯，宛如一条无形的纽带，维系着人与人之间的尊重与信任。尊重他人，就像呵护花园里每一朵花一样，每个学生都拥有独特的色彩和芬芳；诚实守信，犹如夜空中指引方向的北斗星，照亮正确的路径；具备责任心，仿佛肩负着一片天际，让学生认识到自己的责任与使命。

如果一个学生有着规律的作息时间，他会有足够的精力和注意力去投入学习。就像早晨的阳光，有规律的作息为他的学习生活提供了源源不断的能量。而良好的卫生习惯，就如同健康的源泉，滋润着他的身心，让他远离疾病，保持健康的体魄。社交礼仪就像人际交往中的润滑剂，让学生在社会交往中得到尊重和认可。它不仅仅是礼貌待人，更是一种对他人的尊重和自我表达。

培养这些习惯，不仅能够提升学生的学习成绩，还能促进他们成为全面发展的个体。作为教育者，我们承担着塑造未来一代的关键职责。教育不止于知识的传递，更在于培养全面发展的优秀人才。这不仅包括对学生知识的教育，还包括生活习惯的塑造和社交礼仪的培育。这些细节虽小，却具有深远的影响。如果一名学生在学术上表现出色，却忽视个人卫生，不擅长人际交往，那么在未来的人生旅途中，可能会因这些不足而遭遇挑战。相反，那些注重细节、保持清洁、礼貌待人、擅长合作的学生，将更容易融入社会，并在个人生活和职业生涯中取得更大的成就。这也正是我强调教育不仅限于课堂，更应关注日常生活中的每一个细节的原因。习惯的力量不容忽视，良好的习惯能够为学生的未来打下坚实的基础。无论是学术成就还是人生的其他方面，良好的习惯都是不可或缺的支撑。因此，教育就像舞台上的导演，必须懂得如何引导学生养成良好的习惯。

然而，习惯的养成并非一蹴而就，它需要时间和耐心。如同园丁需要日复一日地照顾小树苗，我们教育者也需要有足够的毅力和恒心去坚持。我们需要通过持续的引导和教育，让学生认识到这些习惯的重要性，并逐步养成良好的习惯。

在习惯培养的过程中，教师需要注意以下几点：

第一，尊重学生的个性和特点。每个学生都是独一无二的，如同花园中的每一朵花。教师需要细心观察，理解并尊重学生的差异和特点，因材施教。

第二，坚持循序渐进的原则。参天大树需要从小树苗一天天成长起来。良好的行为习惯也需要我们从现在做起，从身边一点一滴的小事做起。起初，可以设定一些简单且易于实现的目标，随着时间的推移，逐步提升目标的难度和标准。

第三，及时给予学生肯定和鼓励。在习惯培养的过程中，可能会经历反复和波动。此时，教师应当及时给予学生肯定与鼓励，提升学生的自信，增强其积极性。

第四，培养学生的自主性和自我管理能力。学生如同羽翼渐丰的鸟儿，需要学会自我约束和自我管理。教师需要给予学生更多的自主权和自我管理的机会，如同鸟儿练习飞翔，让学生逐步养成自我约束和自我管理的习惯。

第五，注重实践和体验。良好习惯的养成离不开不断地实践和体验。教师应当为学生创造更多实践的机会，就像在知识的海洋里布置各种探索性的游戏，让学生在实践中学习和成长。

总的来说，只有抓好习惯培养这一关键环节，才能更好地提高学习成绩，同时也有助于学生成为优秀的人才，实现自我价值和社会价值。这就像是一场马拉松，只有掌握正确的方法，持续努力，才能最终到达终点。

我对教育的理解是：教育不仅仅是知识的传递，更是人格的塑造和情操的陶冶。我对未来的期待是：每个从教育体系走出的学生，都能成为一个具备全面素质、教养、责任感和创新精神的人才。这需要我们每一个教育工作者投入更多的精力和努力，为学生的未来播下成功的种子！

好习惯　好人生

唐县启明中学　高　朋

在我们的生活中，习惯是我们行动的指南。习惯的力量无比强大，它可以改变一个人的生活轨迹，决定一个人的成败。在这里，我想分享的是两届培养良好习惯交流会对我个人成长和教育教学工作产生的深远影响。

参加了两届培养良好习惯交流会，我深刻体会到了良好习惯对个人发展的重要性。通过与其他教师、学生和专家的交流，我明白了良好的习惯有助于提高我们的教育教学质量，改进教育教学方法，为培养德智体美劳全面发展的社会主义接班人奠定基础。

我坚信，好的习惯是通向成功的基石。在日常生活中，我努力培养自己的良好习惯，比如每日坚持阅读、保持规律的作息时间等。这些习惯让我在教学过程中保持了敏锐的思维，更有效地引导学生探索知识，激发他们的智慧。同时，我也重视培养学生的好习惯，例如专注听讲、准时完成作业、主动参与课堂活动等。我鼓励他们以积极主动的态度对待学习，增强他们的自主学习能力。

在我看来，培养好习惯能够让我们提升效率，减轻压力，并为自己的生活开拓更多可能性。在这篇文章中，我想分享好习惯如何影响我的生活以及周围人对我的看法。

首先，好习惯对我们的身心健康至关重要。我认识的一位老师告诉我：“习惯决定人生。”这句话深深地印在我的心中。通过坚持锻炼、健康饮食和规律作息等好习惯，我们可以保持身心的健康和愉悦。在快节奏的生活中，我们需要学会如何平衡工作和生活，而好习惯可以帮助我们更好地管理时间。

其次，好习惯也可以帮助学生更好地学习。在课堂上，我鼓励学生记笔记。这一习惯不仅有助于他们更深入地理解课程内容，而且在复习时也能使他们更加有条不紊。

再次，好习惯还可以帮助我们更好地与他人相处。我曾有一个不良习惯，总是不自觉地打断他人讲话。但当我认识到这一行为可能会失去朋友和他人的尊重时，便开始积极地改变自我。通过耐心倾听和努力理解他人的观点，我逐渐学会了尊重他人的意见，并因此建立了更为和谐的人际关系。这一改变也显著提升了我的自信心和魅力。

最后，我想强调的是，好习惯需要我们不断地努力和坚持。正如古人云："路漫漫其修远兮，吾将上下而求索。"当我们想要培养好习惯时，我们需要意识到这需要付出努力和时间。但是，只要我们坚持下去，就会发现这些好习惯会成为我们生活中不可或缺的一部分。

经过参与这两届交流会以及我在教学实践中的不懈努力，我逐渐形成了自己的教学风格和教育理念。在教学过程中，我强调自主学习和良好习惯的养成，并通过设计形式多样的教学活动和提供定制化的学习指导，点燃了学生的学习激情和创新潜能。同时，我也重视与家长的交流与合作，共同关注学生的成长与进步。这些努力让我在教育教学领域取得了显著成效，学生们的学习成绩稳步提升，学习态度和行为习惯也有了显著的改善。家长们对我充满信任和支持，他们一致认为孩子们在我的引导下取得了显著的进步。

这两届培养良好习惯交流会在多个方面产生了积极而广泛的影响。它不仅促进了教育教学质量的提升和教学方法的创新，还培养了师生的良好习惯。然而，教育是一个持续发展的过程，需要我们不懈地努力和持续地探索。在未来的日子里，我将继续做好本职工作，为培养更多优秀人才贡献力量。

养成好习惯　成就好人生

唐县启明中学　张　琳

培根说：“习惯是一种顽强而巨大的力量，它可以主宰人生。”

要想养成好习惯，就要审视并反思自己是否存有不良习惯。课间，我们是否在楼梯和走廊上追逐嬉戏、大声喧哗，旁若无人；有否不经意间脏字脱口而出……千万不要将这些行为视为微不足道的小事，古人有云：“勿以善小而不为，勿以恶小而为之。”这句话我们应该铭记于心。

作为教师，我深知良好的生活习惯和学习习惯对个人成长与成功的重要性。在我的班中，有位学生在课堂上表现得非常积极，然而他的成绩始终停留在中等水平，难以跻身优秀生之列。经过细致的观察，我发现他的书写习惯存在明显问题：字迹凌乱，答题不规范。他在遇到感兴趣的内容时能够专心致志地听讲，但对不感兴趣的部分则容易分心。正是这样的学习习惯限制了他成绩的提升。

相反，我也在观察那些成绩优异的学生，他们展现出一些共同的特质。第一，他们的字迹非常整洁，有些学生的字体甚至像印刷品一样规范，这无疑是长期坚持不懈刻苦练习的结果。第二，他们在课堂上认真专注，积极回答问题。第三，他们总是积极进取，能够高质量并按时完成老师布置的任务。这些习惯使他们在面对挑战和困难时能够保持镇定和从容，从而取得成功。因此，培养良好的习惯是成功的基石，是我们达成人生目标的关键。

作为教师，面对工作中纷繁复杂的任务，若缺乏良好的工作习惯，便可能每日忙乱不堪且成效甚微。同时，若不注重细节，可能会忽略关键的细节或犯下错误，从而影响教学质量与学生成绩。例如，具备优秀教学习惯的教师会提前准备课程内容，精心制作课件。因此，在正式授课时，他们展现出的教态自然大方且自信满满，授课语言逻辑清晰、条理分明，课程设计合理且高效。相反，那些未能提前准备课程的教师，在授课时往往内心感到慌乱和缺乏自信，讲话时显得语无伦次、缺乏条理，只能机械地照着课件讲，甚至会错误地解释知识点。一堂课下来，不仅教师感到疲惫，学生也往往感到困惑，对知识的掌握更是微乎其微。

因此，作为教师，我们应当提前准备课程内容，不仅要备好课，还要充分了解学生。在每个工作日或每周伊始，制订一份明确的计划和目标清单，将有助于我们更有效地安排时间和任务；保持工作环境的整洁有序，确保教室、办公桌以及其他工作区域井井有条，有助于我们轻松找到所需材料和文件，进而提升工作效率；在准备课程、批改作业和评估学生时，注重细节和质量，不仅有助于提高我们的教学水平，还能为学生带来更优质的学习体验。

孔子说："少成若天性，习惯如自然。"从小培养的习惯将伴随一个人的终生，而良好的习惯犹如一剂良药，能够治愈我们许多的不足之处。一个人的品格与才能，很大程度上源自习惯，正是习惯驱使我们的身体自然而然地行动。

作为教师，我们要用以下方式引导学生养成好习惯。

首先，以身作则，树立榜样。我们必须养成良好的生活、学习与工作习惯，从而对学生产生潜移默化的影响。同时，我们也需关注自己的行为举止，不断提醒自己要为学生树立正面的榜样。

其次，创设良好的教育环境。教育环境对学生习惯的养成发挥着至关重要的作用。我们必须构建一个优质的教育环境，使学生能在健康、和谐、有序的氛围中茁壮成长。这包括打造一个整洁、美观的校园环境，提供一个安全、舒适的学习空间，以及营造一个民主、平等、尊重的教育氛围。

再次，我们要开展丰富多样的习惯培养活动，让学生在实践中养成良好的习惯。这包括组织学生参与各类社团活动，例如读书俱乐部、志愿者服务队等，使学生在活动中锻炼团队协作与沟通技巧；开展多样化的主题班会，如"培养良好学习习惯""关爱他人"等，引导学生在讨论中理解良好习惯的重要性。同时，通过家校合作，鼓励家长参与学生习惯的养成过程，共同为学生的全面发展努力。

最后，强化习惯养成的教育和引导。我们必须强化对学生习惯养成的教育和引导，使学生深刻理解良好习惯的重要性。这不仅包括在日常教学中将习惯培养融入各个学科，让学生在学习过程中自发地养成良好的习惯；而且包括在班级管理中加强对学生习惯的监督和指导，及时发现并帮助学生改正不良习惯。同时，在评价体系中，将学生的习惯养成纳入评价标准，确保学生在追求成绩的同时，也重视习惯的培养。

在这个充满竞争与挑战的时代，良好的习惯是通往成功的重要钥匙。作为教师，我们承载着塑造未来一代的重任。我们必须身体力行，引导学生培养良好的习惯，为他们的未来打下坚实的基础。同时，我们亦需不断自我提升，养成良好习惯，为学生树立正面的典范。让我们携手并进，为培养学生良好的习惯而努力！

扬习惯之鞭　铸人生之梦

唐县启明中学　吕紫怡

为贯彻党的二十大提出的科教兴国战略和习近平总书记在第三十九个教师节贺信中关于“大力弘扬教育家精神，为强国建设、民族复兴伟业作出新的更大贡献”的指示精神，培育新时代优秀教师，河北诺亚集团携手教体局举办了第二届培养良好习惯交流会暨教育创新发展论坛。此次活动邀请了著名教育改革家魏书生、“最美教师”刘秀祥等教育界名师参与并发表演讲，他们的发言让我深受启发。

教育是一棵树摇动另一棵树，一朵云推动另一朵云，一个灵魂唤醒另一个灵魂……作为一名教师，我深知自己肩负的责任重大。毕竟，课堂上的每一个孩子，都是家庭的希望、学校的未来，更是祖国的明日之星。教师的职责不仅限于传授知识，更在于引导学生将所学知识应用于解决实际问题。学生要想真正掌握并运用知识，良好的学习习惯是不可或缺的。

魏老师提出，培养孩子良好习惯的起点在于“七个一分钟”。其中，我对“一分钟家务”“一分钟专注力训练”“一分钟日记”印象深刻。

“一分钟家务”。通过家务劳动，孩子们不仅能提升动手和思考的能力，还能培养责任感。随着时间的推移，这种责任感会逐渐转化为自觉的行为，最终形成习惯。孩子们养成做家务的好习惯，不仅能让家人和其他人感到快乐，还能因此获得表扬，这是心理学中正强化效应的体现。在教学过程中，我们同样可以应用正强化的原理，例如让学生帮忙完成一些小任务，当他们做得好时，我们通过表扬来增强他们的“成就感”和“幸福感”。

“一分钟专注力训练”。这里的“一分钟”意指引导学生在这一时间段内全神贯注地从事一项任务。在我们的日常教学实践中，我们同样可以运用专注力训练。例如，我们可以将每日的早读活动细分为多个小任务，将原本40分钟的早读时间拆分成一系列短暂的任务，如大声朗读新词汇5分钟、背诵古诗文10分钟等。由于学生的注意力在长时间集中后容易分散，容易分心，且长时间、繁重的任务容易使学生丧失信心，因此，合理划分时间段内的任务，让学生体验到完成每个小任务的成就感，可以增强他们的学习动力，从而提升学习效率。

“一分钟日记”。通过引导学生每日记录一些句子或表达个人的感悟，帮助他们逐渐培养起写日记的习惯。随着时间的推移，这种持续的积累将不知不觉地增强学生的观察力和对事物的感知与认知能力。对于一些学生来说，写作可能是一项挑战，但实际上，写作主要是通过叙述人物或事件来表达个人情感或感悟。通过坚持每日写日记，学生的写作字数和内容质量都将得到提升，同时学生也将减少对写作的畏惧感。一旦消除了学生的畏难情绪，写作便不再是难题。

魏书生老师提出了“八个好习惯”，其中给我留下深刻印象的是“预习的习惯”“订计划的习惯”“自留作业的习惯”。

“预习的习惯”。许多学生可能会认为留预习作业不就是没有留作业吗？实际上，学习就像赛跑，而预习可以视为一种合理的抢跑策略。一位北大的博士生曾经分享：“我一点也不聪明，我的学习秘诀就是提前预习！”在我看来，预习是提高学习效率的有效方法。如果课前预习做得好，那么对于老师讲解的内容就能做到心中有数，上课的效率自然会提高。上课效率提高了，课后作业也能更快、更准确地完成，从而节省出时间来攻克那些掌握不够牢固的知识点。这样，学习就形成了一种良性循环。

“订计划的习惯”。魏书生老师说：“所订计划要根据今后自己取得的成绩，不断微调计划、修正计划。”常言道：凡事预则立，不预则废。这启示我们，无论从事何种活动，预先做好准备是成功的关键，反之则可能导致失败。将这一原则应用于学习领域同样适用：我们必须培养学生自主制订学习计划的习惯。例如，学生应明确每个学科的目标分数、总分目标以及完成学业的时间规划。若学生仅埋头苦学而缺乏明确的计划和目标，他们将感到迷茫。缺乏规划的学生，如同在茫茫大海中失去航向的船只，或是在迁徙的雁群中迷失方向的孤雁。相反，一旦学生有了明确的计划，他们就会朝着既定目标努力奋斗，识别并克服自己的薄弱环节。因此，培养学生“制订计划的习惯”至关重要。

“自留作业的习惯”。学生在完成老师布置的任务后，应根据个人需求自行安排额外的作业，以巩固所学知识。自主安排作业可以成为学生最核心的竞争优势。有些学生仅仅满足于完成老师布置的作业，而没有意识到通过自留作业来弥补自己的不足。能够主动安排作业的学生往往对自己的学习状况有深刻的认识，并能够有针对性地解决问题。

在深入理解魏老师的教育理念后，我深刻认识到培养良好习惯的重要性，因为良好的习惯是塑造未来的基石。在人生的旅途中，我们每个人都会遭遇形形色色的挑战。有些人面对选择的十字路口时，会被各种干扰所迷惑，停滞不前，感到迷茫。然而，那些拥有良好习惯的人，能够在逆境中保持镇定，应对自如。正是这些习惯使他们脱颖而出。让我们所有人都扬起习惯之鞭，铸就人生之梦！

养成良好习惯　成就美好人生

保定市启明职业高级中学　刘梦樊

习惯是一个人长时间逐渐养成的稳定的、一时不容易改变的行为。著名科学家培根在谈到习惯时说："习惯真是一种顽强而巨大的力量，它可以主宰人的一生。"美国心理学家威廉·詹姆斯也曾说过："播下一个行动，收获一种习惯；播下一种习惯，收获一种性格；播下一种性格，收获一种命运。"

好习惯是开启成功之门的金钥匙。在日常生活中，良好的习惯往往能帮助我们不懈追求、战胜挑战，塑造美好的人生。

如何培养良好的习惯？首先，个人需要进行自我审视，反思自己的不当行为。你是否注意到，有些学生在走廊上追逐打闹、大声喧哗，旁若无人？你是否留意过你周围同学的言谈，当他们突然爆粗口时，是否让你感到刺耳？你是否也参与其中？你是否尊敬师长？你是否友善地对待同学？你是否认真地完成了作业？切勿认为这些都是琐碎小事，古人云："勿以善小而不为，勿以恶小而为之。"在我们的校园和教室里，每天都有许多老师和同学在辛勤工作。当你随手丢弃纸张或塑料袋时，是否考虑过他们的辛勤付出？将垃圾投入垃圾桶，不过是举手之劳，归根结底，这是一个习惯问题。如果每个人都能养成良好的习惯，我们的校园将会变得整洁、美丽。

对于大多数同学而言，学习成绩的优劣，虽然与智力因素有关，但与非智力因素的联系更为紧密。在信心、意志、习惯、兴趣、性格等主要非智力因素中，习惯占据着举足轻重的地位。

纵观古今中外，那些在学术领域取得成就的人士，无一例外都拥有良好的学习习惯。如进化论的创始人达尔文说过："我的生活过得像钟表上的机器那样有规律，当我的生命告终时，我就会停在某一处不动了。”达尔文所说的“规律”，就是指“良好的习惯”，当然也包括良好的学习习惯。即便是智力出众的中国科学技术大学少年班的学生们，在谈及自己成绩优异的原因时，也都强调拥有良好的学习习惯。

鲁迅先生在童年就养成了不迟到的习惯。他对自己要求很严格，时时刻刻地告诫自己：凡事都要早做，不能晚做。这位伟大的作家，在中国文学史上取得了辉煌的成就。

清代名臣曾国藩毕生勤奋好学，抓住一切读书机会，持之以恒。正是由于这种良好的读书习惯，才使得他博闻强记、学富五车，终成国之栋梁。

相反，坏的习惯则是一扇通向失败的大门，它会让人无所事事、碌碌无为，毁其一生。这样的事例也不胜枚举。

再看看我们周围，有的同学勤奋，有的同学懒惰；有的同学认真，有的同学马虎；有的同学惜时如金，有的同学挥霍光阴。最终，勤奋、认真、惜时如金的同学收获了鲜花与掌声，懒惰、马虎、挥霍光阴的同学收获了泪水与悔恨。所有这些都告诉我们：有怎样的行为习惯，就会有怎样的人生！

习惯就像我们身上的指南针，指引着每一个人的行动。好的习惯要培养，坏的习惯要纠正；好习惯用加法，坏习惯用减法。“好习惯是一生花不完的存折，坏习惯是总也还不清的债务。”这是王文湛教授在讲座中的一句话。养成良好的习惯，就如同给梦想插上翅膀，它将为人生的成功奠定坚实的基础。昨日的习惯已经影响了今日的我们，今日的习惯将决定明天的我们。因此，在日常学习和生活中，我们应当培养良好的习惯，例如：养成说“谢谢”“你好”“对不起”等礼貌用语以及以礼待人的习惯；在与同学交往时，学会理解和宽容，培养和谐相处的素养；在学习上，养成预习和复习的习惯，形成高效的学习方法……这些良好习惯的养成，是通过每天的努力逐渐积累而成的。正如古语所说：“不积跬步，无以至千里；不积小流，无以成江海。”这要求我们时时、处处、事事都要严格要求自己，从自我做起，从现在做起，从细微之处着手，坚持不懈，培养出良好的习惯。

以真诚对待学生

——我的育人故事

唐县启明高级中学　马孟飞

我从一毕业就开始当班主任，到现在已有五年左右，很高兴能有这样的一个机会，与大家一起分享我的育人故事——以真诚对待学生。

当教师苦，当班主任更苦，这是不言而喻的。但苦中之乐、乐中之趣，却不是每一位班主任都能体会得到的。明代学者章溢早就说过："乐与苦，相为倚伏者也；人知乐之为乐，而不知苦之为乐。"我常听到一些班主任抱怨："我整天都围着学生转，从催促早操到检查晚寝，还要找人谈心……天天都要忙死了！"是的，如此披星戴月，的确比一般任课老师辛苦，但这何尝不是班主任特有的幸福源泉之一呢？与学生朝夕相伴，使得师生感情更为深厚；与学生促膝谈心，使得师生心灵更加贴近。

咱们当老师的都明白："老师不经意的一句话，可能会创造一个奇迹；老师不经意的一个眼神，也许会扼杀一个人才。"师爱的一个重要内容是：教师应尽量不伤害学生心灵中最敏感的地方——自尊心。当然，在教学生活中，我们必然会遇到一些调皮捣蛋的孩子，有时性急，也许会在不知不觉中伤害孩子的自尊心。虽然这些孩子很淘气，不听话，有一些叛逆，但他们也有一颗敏感的心，也有着同别人一样甚至更强烈的自尊心。

班里有这样一个学生，活泼好动，行为散漫。正是这位看似平凡的学生，成了我初次担任班主任时面临的最大挑战。这个小孩大问题没有，小问题不断，隔三岔五地就会犯一些错误，积少成多，没多久就成了班级里的"犯错大王"了。记得刚开学不久，任课老师反映了他的很多问题：上课睡觉，自习课跟同学聊天、传纸条……终于，在一次犯错之后我把他叫到了办公室。面对他，我极力让自己冷静下来，与他进行沟通。在我的耐心引导下，没多会儿，他就把自己的家庭情况和盘托出：他是一个留守儿童，从小由奶奶带大，很少与父母在一起。在住校之后发现同学们的生活质量很高，自己舍不得买的东西，别人买起来都不眨眼……就这样在羡慕与嫉妒中他就变成了一个爱说谎、乱花钱、爱慕虚荣的学生。在他看来，上课睡觉、聊天等违纪行为都是为了增加他跟那些调皮学生玩耍的资本。同时，我还了解到他过去的一些情况。小时候，他爱好体育活动，为人热情，乐于助人，非常善良。这让我忽然意识到了工作的切入点，那就是跟这个孩子打感情牌。随后，我与他的母亲进行了一次深入的交流，更多地了解了他的性格和脾气；接着，我开始利用课余时间找他谈心，并对各种违反校规的行为进行了深入的探讨和分析。特别是针对他的攀比心理，我进行了长期的引导和纠正。有时，为了激励他做好某些事情，我会与他打赌，赌注是他想要的东西。不知不觉中，他开始关注我对他的看法和评价，进而开始关心自己的成绩和排名。看到他的转变，我感到非常自豪。

每一个学生都是一个鲜活的生命体，都是缺点与优点的复合体。只要我们善于发现学生身上的闪光点，只要我们不戴着有色眼镜去看待学生，那么班级管理将会非常和谐，师生关系会变得非常融洽。

我们作为教师，要以一颗宽容慈爱的心，如同春风细雨般滋润着幼苗，无私地奉献我们的爱，以抚慰孩子们稚嫩的心灵。实际上，学生对我们的要求并不高，只要我们多一点真心，平等对待，给予赏识，他们就会感到满足。在未来的日子里，我将努力俯下身子与学生对话，并通过自己的行动去影响他们。

教育，是一个有福报的工作。只要我们怀着一颗执着的心去爱护每一位学生，就能开垦出一片学子们得以成长的沃土，就能为他们创造出一种积极向上的氛围，就能激发他们的潜能和创造力。只有用真诚的爱心，才能敲开学生那扇紧闭的心扉。每一扇门的后面，都是一个不可估量的宇宙，每一道门的开启，都是一个无法预测的未来。

好习惯　好人生

唐县启明中学　李坤英

在人生的旅途中，良好的习惯是我们通往成功的关键工具，也是幸福的源泉。习惯的力量是巨大的，它深刻地影响着我们的行为、性格、心理状态以及身体健康。那么，我们应该如何培养良好的习惯呢？接下来，我将从几个方面进行探讨。

第一，帮助孩子养成讲卫生的好习惯。

首先，应关注个人形象，例如定期修剪指甲、勤洗手、勤洗澡、勤换洗衣物、及时整理发型，确保自己看起来整洁清爽；其次，要注重个人物品的整理，学会整理房间、书桌、书包以及课桌，确保物品有序摆放，每样物品都有其固定的位置，这样在使用时便能迅速找到，有效节省时间。只有在这些方面做得好，孩子在集体生活中才能自然而然地保持卫生和整洁。

讲卫生的好习惯对一个人的一生至关重要，有这样一个小故事：

傍晚时分，卖花的小女孩拿着仅剩下的一朵玫瑰花准备回家。这时，她突然看到一个乞丐正在路边乞讨。出于善心，她想：反正就剩下一朵玫瑰花了，要不就送给这个乞丐吧。乞丐收到玫瑰花之后，欣喜万分，因为他从来没有想过自己有一天也会收到别人送的玫瑰花。于是，他立即跑回家把这朵玫瑰花插了起来。然而，当玫瑰花放在桌子上的时候，他越看越不对劲。原来他觉得这么美的玫瑰花，竟然插在了脏的花瓶里，花瓶配不上这朵美丽的玫瑰花。于是，他立即把瓶子清洗得干干净净，然后把玫瑰花插进干净的瓶子里，这样远远一看，舒服多了。但是新的问题又出现了，乞丐还是觉得有点不妥，因为他觉得这么美的玫瑰花和瓶子放在这么脏的桌子上，真的是有失大雅。于是，他立马把桌子收拾了一番。果不其然，在收拾一番之后，这朵玫瑰花在灯光的照耀下看上去十分美丽。然而，即便如此的美丽，似乎仍未能令乞丐感到满足。他总觉得有些不妥，原因在于他觉得如此美丽的玫瑰花，放置在这样一个杂乱无章的房间里，显得格格不入。于是他下定决心，开始收拾自己的房间。在收拾一番之后，房间也因为这朵玫瑰花显得格外整洁。当乞丐正在静静享受这段美好瞬间时，突然看到镜子里的自己，又有了一个新的想法：这么整齐的房间里怎么会住着这样一个不修边幅的人呢？于是他开始洗头洗澡，然后理发。再次面对镜子的时候，他蓦然发现，镜子里的自己似乎并没有那么糟糕。那一刻，他做了一个重大的决定。他决定再也不出去乞讨了。穿戴整齐的他开始一家一家地面试找工作。上天似乎也很宠爱他，在几番工作面试之后，乞丐找到了一份工作。虽然工作又苦又累，但是每次他回家看到那朵玫瑰花的时候，一天的倦意瞬间就消失了，可能正是因为这朵玫瑰花给他心中注入了力量吧。多年之后，这个乞丐竟然成了一家上市公司的老总。

这个故事中的乞丐享受了干净给他带来的美好体验之后，自觉地改变身边的环境，最终，糟糕的人生发生了翻天覆地的变化，这在心理学上称为“配套效应”。为了让“配套效应”影响同学们，本周我布置了“整理自己的书桌”这一实践作业，目的是让孩子通过整理自己的书桌养成爱干净、懂审美的好习惯。孩子的书桌干净了，心情就会好起来，学习也会更专心。

第二，培养孩子每天阅读的习惯。

我天天给同学们听写单词，先一课一课听写，最后单元听写。单元听写的时候，一个词同学们至少写了 6 遍。按照这样的频率，孩子在单元听写的时候不应该错很多了，可是，还有的同学错 20 多个。我很负责任地说，即便这个学生把这个单词再次抄写 20 遍，他还是记不住，即便记住了也会很快又忘了。因为，英语的学习有一个要点：那就是字不离词、词不离句、句不离段、段不离篇。孩子听写单词、默写课文出现大量错误，绝大部分原因是这个孩子没有养成良好的阅读习惯。阅读能够帮助孩子理解单词的意思，孩子只有理解了这个单词的意思，再加上这些单词在阅读中一遍遍地出现，孩子见的次数多了，怎么会写错呢？所以，我们需要做的不是反反复复让孩子死记硬背，相反，我们应该鼓励孩子们大声朗读和广泛阅读，这样他们在阅读的同时也能自然而然地学习和记忆单词。

第三，让孩子承担一定的家务劳动。

作为家庭的一分子，孩子不应被宠溺如小皇帝。为了培养孩子的责任感，建议家长为孩子安排适当的家务活动。通过参与家务，孩子不仅能够锻炼手眼协调能力和动手能力，还能学会对家庭承担责任。虽然孩子起初可能做得不够完美，但家长应耐心指导。建议从简单的任务如扫地、拖地、洗碗开始。孩子能够承担的事务越多，其能力就越强，自信也会随之增长。

多一个好习惯，心中就会多一分自信；多一个好习惯，人生就会多一次成功的机遇；多一个好习惯，生命里就会多一种享受生活的能力。为了我们的明天，让我们养成良好的习惯吧！

学生组

◇一等奖

学会反思　超越自我

唐县启明中学　马佳蔓

于时光长河之畔驻足回首，总有身影亭亭，惊艳了时光；也总有暖意融融，照亮了那看似寻常的路。

自踏入启明中学的校门，我的学习与生活有了许多转变，我逐渐变得更加出色。这些进步与启明中学的校风以及老师们的悉心指导息息相关。如今，我养成了阅读的习惯，待人接物也更加温和有礼，从一个对生活一无所知的新手，成功地成长为一个能够独立应对生活挑战的小能手。

白驹过隙，轻轻推开记忆的门扉，回望那些沿途的美丽风景。遥想初入校门的第一次月考，当时的我意气风发，对世界充满无知的自信。考试成绩公布后，老师要求我们进行考后反思。那是我第一次听到“考后反思”这个概念，心中一片茫然。我之前没有写过考后反思，一时间竟不知从何开始，于是草率地写了些内容便匆匆提交，随后便将此事抛诸脑后。下午自习结束时，班长突然找到我，让我去办公室找班主任。当我踏入办公室，心中暗自嘀咕：“班主任今天怎么了？怎么脸色有些不好？是谁又惹他生气了？”当时的我并未意识到，这一切都与我有关。

老师看到我后，神色一怔，随即问道：“考后反思，你为什么不认真写？”我不知如何作答，沉默地低下了头。“古语有云‘吾日三省吾身’，你应该懂这句话吧？”我点头应和，态度随意。老师叹了口气，又语重心长地说：“春秋时期的越王勾践不因战败受辱而一蹶不振，而是卧薪尝胆，自我反思，最终成为一代霸主；战国时期的邹忌，不因妻妾的赞美而沾沾自喜，也不因身居高位而高枕无忧，反而多次反思自己。他们都是自我反思的典型。你的问题在于不重视反思，有些狂妄自大，我希望你能正视这个问题，做出改变。”

走在回教室的路上，我又回想起这段话，明白了些许道理。回到座位上，我拿出试卷，认真分析，不再敷衍，在“考后反思”上写下自己的薄弱之处。拿着“考后反思”，我找到了班主任。他脸上有了笑意，很满意我的改变，并教了我一些提升薄弱学科成绩的方法。事实证明，反思真的很有用。在期中考试中，我摘得桂冠。令人惊叹的是，我还考了几个单科满分。其他同学对我投来崇拜的目光，我与站在讲台上公布成绩的班主任相视一笑。

时至今日，我仍保持着自我反思的习惯，通过反思来荡涤灵魂、磨炼意志。反思让我不断超越自己，实现更高的目标！

好习惯伴我成长

唐县六一小学　邸梓萱

好习惯能让我终身受益，快乐无穷。

我有一个好习惯，那就是早睡早起。每天早上六点半，我不用闹钟叫就能起来，而且精神饱满。晚上，我准备好第二天要学习的书本，按时睡觉。在上课时，我从来不会走神，并且十分认真，以全部的精力投入课堂。就是因为这样，我以良好的习惯赢得了同学们的信任。不用说，我肯定是一班之长啦！

迎着朝阳，我每次都是班里来得最早的孩子。当同学们陆续到来后，我会带领大家进行晨读和学习。我在这里的每一分钟、每一秒钟都过得非常充实。尽管学习过程中会遇到困难，但我从不感到畏惧，也不会退缩，总是勇敢地迎接挑战。

俗话说“一日之计在于晨”，在一节节早读课中，我学到了许多知识，并且这些知识深深地印在我的脑海里。

得益于这个好习惯，我的成绩稳步提升，信心倍增；得益于这个好习惯，我也赢得了同学和老师的信任。它让我深刻地认识到时间的宝贵，并且我正在利用每一分钟、每一秒钟去做有意义的事情。

另外，我还有一个好习惯，那就是阅读。也可以说是因为我儿时的好奇，才让我有了这个好习惯。

在儿时时常听到这样一句话：“读书好，多读书，读好书。”在我五岁时，一天，我第一次看见了书，不知为什么，我就是被它深深地吸引住了，我忍不住好奇地打开了它。书中的插图让我沉浸其中，这便是我对书产生的第一个美好印象。

七岁时，我正式踏入小学，当老师发给我第一本课外书《西游记》时，可能是因为五岁时的印象，我情不自禁地看了起来。就这样，我养成了读书的好习惯。每当闲暇时刻，我总会拿起书本阅读。有时，即便妈妈叫我吃饭，我也浑然不觉。得益于良好的阅读习惯，我的课外阅读能力得到了显著提升，这也直接反映在每次语文考试中，我总能取得优异的成绩。

书，不仅能揭示社会的丑陋，还能展示人间最美好的亲情和友情，给你奋斗的力量。培养良好的习惯是迈向成功的前提，是成就美好人生的关键，希望我们每个人都能养成良好的习惯。

那些习惯，映照在青春的片段上

唐县启明中学　马嘉轩

深夜，月明星稀。孤眺夜空，几许星光入眼，独观旁楼，数盏灯火相伴。回想这一天的经历，我的那些习惯映照在青春的片段上。

早上7:00，球场上——

塑胶，篮筐，比赛。

我正参加团队秀，力图战胜对手。汗水模糊了视线，喘息冲击着我，我抬起头，望着人高马大的对手，实力强劲，不能强攻，只能智取。随着跑位的不断变化，我发现了一个机会，此时24秒仅剩10秒。我看向队友，一个眼神传递了诸多信息，就是现在！我一个胯下突破，飞速上前腾空而起，余光中对手也已起跳，果真上当，就在他要拍掉我手中的球的时候，我指尖一拨，将球给了等候的队友，一个漂亮的压哨三分球结束了比赛。团队合作参演，这是我的习惯。

上午10:00，舞台上——

灯光四射，五颜六色，忽明忽暗，如入仙境。

站在舞台上，一场个人秀即将上演，如何才能演奏成功？手握小提琴，深吸一口气，将混沌的想法一分为二，腾出一片明晰的区域，闭上眼睛，构造奇妙的世界。随着伴奏响起，悠悠琴声如清冽的潭水从指尖弓弦间缓缓流出，像涓涓细流，似潺潺小溪，时而激扬，忽而婉转。我仿佛漫步在一片竹林，静谧空灵，鸟啼清丽，周身洋溢着惬意。一曲终了，余音绕梁，台下鸦雀无声。霎时，雷鸣般的掌声响起，评委脸上浮现了满意的微笑。沉着自信地演奏个人秀，这是我的习惯。

晚上 9:00，书桌前——

台灯已经发烫，时钟已经疲劳，笔尖将要折腰，我的大脑仍在飞速运转，一道数学题激起我的斗志。

伏在桌前，攻克数学题的 boss 演出，如何击破？它好似一把锁，摆在我面前，函数图像、几何模型、代数方程、勾股定理、三角函数，浮现于脑海，我打磨了一把把钥匙，都无法打开这把锁。我紧皱眉头，重新查找条件，调整思路，终于在蛛丝马迹中触动了开锁的机关，成功地打开了这把锁。坚持和耐心参演 boss 对决，这是我的习惯。

少年，掷下笔，关上窗，抬头望，生活经历烙印在青春片段，低头思，一个个习惯成就人生绚烂而辉煌的影片。

好习惯伴流年

唐县启明中学　赵梦博

好习惯是用意志和坚持的汗水酿成的琼浆，历久弥香；好习惯是永不凋谢的希望和不灭的向往，是编织的彩虹，绚丽辉煌。好习惯是伴我们一生的宝藏。

无论烈日骄阳，还是寒风凛冽，我独自坚持每天跑三公里，这就是一种好习惯吧。起初我是懈怠的，朋友也提醒我坚持跑步的好处，但我不以为然。直到学校开始体考，眼前愈行愈远的背影和身后不断赶超的同学让我惊慌失措。回到家后，看见老师发来的信息：希望班中体育薄弱的同学加强锻炼。那句看似轻松的话语，却让我瞬间感到脸颊发烫。

我这个人天生要强，不肯服输，于是加入跑步的行列。我向父母许下豪言壮志，每天跑 3 公里，跑不完绝不回来。父母向我投来的怀疑的目光，更坚定了我的决心。我满怀万丈豪情，走向寒冷之中。

打开手机中的跑步软件，开启了我的跑步之旅。刚开始的步子自然是轻盈矫健的，这让我感觉到跑步似乎并不困难。但可想而知，这是我的错觉罢了。很快，我便有些力不从心，呼吸逐渐沉重，但我依旧坚持。跑到“039”时，我停在一旁歇息。低垂的天空上悬挂着一颗毫无温度的太阳，东风尽情地拍打着我的脸，灰暗和沮丧撕裂着我的心。半小时前立下的誓言，在这个寒冬中耐不住，便倒下了。这时，我脑海中又想起老师的后半句话：“同学们，要记住，好习惯，好人生。”细细回味，我真的甘心吗？

我又继续奔跑，不畏寒冷，更不怕劳累。不知过了多久，手机屏幕亮起：“您已攻克了三公里，请继续加油吧。”我放缓脚步，长吐一口气，心中的阴云散去，天空依旧蔚蓝，袅袅炊烟与晨曦交融于天际……

此后，我每天奋力奔跑。随着纪录一次又一次地刷新，我终于在体考中见证了好习惯带给我的成功。

流年匆匆，人生漫漫，如获至宝的我将带着奔跑的好习惯一直前行。我将始终记得：好习惯，好人生。

习惯导师伴我成长

唐县启明中学　李天蕊

一个好习惯像一位导师，在人生的十字路口指明方向，使我们不再彷徨，伴我们成长。

读书是一个好习惯

回顾十四年的旅程，我意识到阅读为我带来了诸多益处。过去，我常常在学校匆匆完成作业，回家后便将注意力转移到了电子产品上，这导致我的成绩总是不尽如人意。母亲见状便带我去书店，让我挑选一本自己感兴趣的书。一进书店，我立刻被《昆虫记》所吸引。作者法布尔以生动、幽默的笔触描绘了昆虫的生活习性。这本书不仅丰富了我的课外知识，还极大地提升了我的写作能力。从曾经面对作文纸无从下笔，到现在能够轻松地让故事从笔尖流淌，这本书成了我在写作道路上的启蒙导师。正如苏轼所言："粗缯大布裹生涯，腹有诗书气自华。"良好的阅读习惯伴我度过了人生的低谷。

认真听讲是一个好习惯

初中时学科难度增加，学习压力增大，导致我无法跟上进度，上课走思，注意力不集中，成绩一落千丈。老师在讲台上声情并茂地讲课，我的心早已飘至窗外。神游之时，偶然瞥见同桌那张专注的脸庞、坚毅的眼神，我的心中为之一振。从那时起，我下定决心，一定要专注认真。如今，认真听讲的习惯不知何时已不知不觉地养成了。认真听讲，也使我的成绩不断提升，使我翻越重重山岭，去寻找诗和远方。

热爱也是一种好习惯

我们无法选择出身，无法选择父母，无法选择国家，但可以选择面对生活的态度。热爱也是最好的老师。那天考试考砸了，我走到学校的操场上，看见夹缝里生长着的草——它没有花儿那样艳丽的外表，没有鸟儿那样清脆的嗓音，更没有大树那样挺拔的身躯，但它依旧傲然挺立。它虽然经历了磨难，但并没有丧失对生活的信心。我们要像这株草一样坚守热爱，对磨难无所畏惧，勇往直前。作为新时代青年，热爱各有不同，但每一份炽烈的爱都应被用心对待。愿我们心怀热爱，奔赴下一场山海。

向前看，长路漫漫亦灿灿；回头看，轻舟已过万重山。是啊，少年，从现在开始养成好习惯，让它伴我们成长。

“习”得真谛　“惯”获美好

唐县启明中学　于子渊

好习惯是一位老师，指导我的一言一行；好习惯是通向成功的阶梯，带领我步步提升；好习惯是炽热的恒星，长夜里伴我前行。养成好习惯，成就好人生。

魏书生老师说过：“写日记是道德长跑。”养成每天写日记的好习惯，就像给生活绘制了一幅画，让一切有了意义、有了色彩。记得来到中学的第一天，老师就要求我们写篇日记。以前我从来没有写过日记，更没有每天写日记的习惯，听到这样“困难”的要求，我面露苦色，脑海中只有一个大大的问号，但师令难违，只得无可奈何地拿起笔，慢吞吞地写上日期，然后埋头苦思，许久才写下“今天”二字。我深感为难，转头望向其他同学。大家与我差不多，有的哀号呻吟，有的握笔深思，纸上却仍是一片空白。最后我只是简略地写了篇流水账，没有生动的语句，没有优美的辞藻，没有中心思想。望着这篇失败的日记，我心中苦涩蔓延。

令我意想不到的是，第二天老师又要求我们写日记，并告诉我们怎样写出一篇好的日记。我拿出前一天的日记，希望可以在此基础上写得好一些。这次，我写下了当天令我开心的事，还尽量用了一些词汇使日记看上去更优美。奋笔疾书十几分钟，我心满意足地完成了当天的日记。我暗暗为自己的进步鼓掌，甜蜜代替了苦涩。也许正是这丝丝甜蜜，让我渐渐爱上了写日记。在以后的每一天，我都会努力做好每一件事，让努力变得有意义。随后，我会细细思考这些事，从中体味出感受，再以文字的形式体现在日记中。每当犯错时，我都会在日记里深刻剖析自己的不足，仔细反思，并制定相应的解决方案；当有心事难以向他人倾诉时，日记本便成了我的倾听者，我可以毫无顾虑地向它诉说，即使不会得到回应，心中也会获得莫大的安慰。在日复一日中形成的写日记的习惯，使我的写作水平日益提高，使我从一位“日记困难户”成长为“日记爱好者”。好习惯让我的学习和生活变得更加美好。

养成好习惯不仅需要时间和精力，更需要持之以恒的毅力，这个过程也许很苦，但结果一定很甜。感谢好习惯，伴我一路成长、一路前行！

好习惯成就好人生

唐县启明中学　杨旭松

我宁愿漫步于桂树之下，看花朵纷纷绽放；宁愿伴着微凉的秋风，看黄叶微晃；宁愿让白雪落满全身，在雪地上印满我的足迹，也不愿坐下来，捧起一本书，在它的世界里徜徉。

我是一个好动的人，读书于我而言是痛苦乃至煎熬的。这便导致我肚子里没有“墨水”，人也没有散发出“书香”。

就连之前的老师都说：“要是你静下来，多读书，养成阅读的习惯，作文绝对不止这么一点儿分。如果你再这样下去，作文便会成为你考学路上一道难以逾越的坎。”

我不信邪，就是不肯去读书，也不肯相信，仅仅一个习惯能有多大威力。

可是很快，我便因此吃了亏——因为课外阅读题失了很多分，名次也越来越靠后。

从那之后，我才知道习惯的重要性。我试着改变自己，安下心来，捧起一本书，努力让它成为习惯。

渐渐地，我发现了阅读的美，美的是“忽如一夜春风来，千树万树梨花开”；美的是“缺月挂疏桐”；美的是“潮平两岸阔，风正一帆悬”。

自此，它不再是煎熬，不再是任务，是习惯，更是单纯的喜欢。不知不觉间，书架上的书越来越多，写文章时落笔也更加流畅。

据老师言，我的作文水平正在稳步提升，文笔较之前有了显著的改善，变得更加优美。即便我自己并未明显感觉到这种变化，但至少不再像以前那样畏惧写作。此外，我的语文成绩也有了显著的提高，排名也随之上升，成功跻身优秀生行列。

这也印证了一句话："因为习惯了，所以不觉得是习惯。"

所以，好习惯总是在不知不觉中带领你走向更好的未来，拥有更美好的人生。

播习惯之种　开幸福之花

唐县启明中学　赵一诺

播种习惯的种子，开出幸福的花朵。

——题记

良好的习惯宛如一粒种子，我以勤劳之手细心灌溉，它将顽强地扎根并茁壮成长，最终在我的人生旅途上绽放出幸福之花。

守序种·文明花

自上初中以来，我一直遵守着学校的规章秩序，如打饭、上厕所时自觉排队；给或接物品时用双手；不说脏话、友善待人……这些生活习惯，也影响着我的校外生活。

一次在景区里，烈日如火，饮品店人头攒动、热闹非凡，我们一家人热得汗如雨下，便决定去买些解暑的饮品。店内顾客众多，大家挤在门口，我拉着妈妈的手，自觉地站在队伍的最后。汗水顺着脸颊流淌，由于前面没有秩序，进展缓慢。我心里犹豫着是否继续排队，回头一望，发现从我们这里开始，后面已经排起了整齐的队伍，不再拥挤。果然，自我之后效率明显提高了。平时在学校培养的良好习惯在此刻发挥了作用，让我感到无比自豪。这让我深刻认识到，良好的习惯不仅能够为个人带来便利，还能对周围的人产生正面的影响。

自律种·自强花

学校严格的作息制度和时间管理要求，培养了我良好的时间观念。通过实践费曼学习法和魏书生的课前预习策略，以及老师的指导和鼓励，我养成了良好的学习习惯。这些习惯贯穿了我的启明生活，并且在我回到家中后，依然坚持着这些习惯，它们已经成为我日常生活中不可或缺的一部分。在家中，我仿佛是一名勇敢的战士，积极面对每一个挑战。同时，我也像一个精确的时钟，始终保持着准时的习惯，提前做好准备。这些好习惯不仅提升了我的学业成绩，也让我在生活中获得了诸多益处。良好的习惯，终身受益。

习惯成自然，我相信这些习惯必将根植于我今后的生活中，定能开出更加灿烂的幸福之花。我将为此坚持着、不懈地努力着。

好习惯让青春之花绽放异彩

唐县启明中学　贾奥翔

世界上最坚硬的物质之所以是金刚石，是因为它历经亿万年的高温高压锻造；天空中最光明的之所以是太阳，是因为它积蓄了上百亿年宇宙大爆炸的能量；一个人之所以能成功，一定是因为他有着磨杵成针的意志和卧薪尝胆的付出。参天大树从种下一颗小小的种子开始，精彩人生从养成一个小小的习惯开始。

我特别喜欢魏书生老师的一句话："教育归根结底是培养习惯，行为养成习惯，习惯形成品质，品质决定命运。"《坚持道德长跑》一文让我深有感触。起初我认为写日记毫无意义，直到一次考试失利之后，我看见日记中记录着往昔的拼搏与豪情壮志，于是我重新找回状态，踏上新征程。显然，培养一个好习惯能够照亮未来的道路。

培养好习惯要善于培养兴趣。魏书生老师说："兴趣是能量的调节者，它的加入便发动了储存在内心的力量。"初次接触物理这门学科时，我常常感到迷茫，难以培养良好的解题思维。但随着时间的推移，我意识到物理与我们的日常生活紧密相连。于是，我开始思考各种有趣的问题：为何小汽车的挡风玻璃是倾斜的？为何沿海地区的昼夜温差相对较小？这些问题激发了我对周围世界的好奇心，我开始探索并尝试用所学的物理知识和理论科学地解释这些现象。每当遇到难题，我都会向老师寻求帮助。在兴趣的驱动下，我不断深入学习，对物理知识的掌握有了显著的提升。一次，在预习电路知识时，我亲手制作了一个小电扇，当扇叶开始转动的那一刻，我感受到了小小的成就感，这进一步激发了我对物理的热情。魏老师教导我们，要学会在每一件事情中找到快乐，即使是平凡的事物，也能因发现其中的乐趣而变得神奇。正如罗曼·罗兰有云："世界上只有一种英雄主义，便是看清了世界还依然热爱它。"我们也要发现学习的快乐，这时候我们便置身于幸福的天堂，又怎会感到厌烦呢？

培养良好的习惯需要持之以恒的努力。你或许会疑惑，尽管已经培养了良好的习惯，为何成效却不显著？要知道，冰冻三尺，非一日之寒。成功不会迅速到来，它需要时间的沉淀。因此，切勿气馁，成功可能看似遥不可及，但它正一步步向你靠近。终有一天，你将能够"会当凌绝顶，一览众山小"。许多同学抱怨跑步太辛苦，为体育考试而焦虑。但请想象一下：如果从初一开始，你就全力以赴地上好每一节体育课，假期坚持跑步，现在是否还会为此感到困扰？或者从现在开始，坚持跑步，到考试那天，你又会达到怎样的水平呢？再比如书写，如果每天坚持练习书写，几年后你的书写水平又会提升多少呢？"苦心人，天不负，卧薪尝胆，三千越甲可吞吴。"我们应当培养努力坚持的好习惯，让努力成为一种持续的力量。

培养好习惯要立目标，挖掘自己的潜能。正如魏书生老师说："我们需要有一个前进的方向，没有方向、没有目的的我们就像山涧急流中随着水流而漂走的落叶。只有明确目的，才能够拥有无限动力。"设定目标不仅仅是将目标成绩记录在目标卡上，更应该制订出切实可行的计划。在暑假期间，我最初为自己设定了每日目标，比如提升听说读写能力、增强计算能力等。但这些目标并未发挥应有的作用，仅仅是形式上的"目标"。后来，我调整了策略，开始每天设定一个具体可执行的目标。例如，背诵《岳阳楼记》，练习听力第一单元等。在设定目标时，我们应更加关注"要采取哪些行动"，而不仅仅是"要达到什么成果"。魏书生老师言，人拥有十九种潜能。这让我猛然意识到，人的潜能就像地下的油田和煤矿，我们应坚信自己大脑深处蕴藏着巨大的资源。因此，每个人都应该信心满满地去挖掘自己大脑中的巨大潜能！

通过学习魏书生老师的著作，我们可以将好习惯比作"本"，成果比作"末"，本固方有末上花。"授人以鱼不如授人以渔"，若把知识和技术比作黄金，则良好的习惯犹如"点金术"。黄金诚可贵，但它又怎能比得上点石成金的本领呢？

“思想决定行动，行动决定习惯，习惯决定性格，性格决定命运。”让我们努力学习，奋楫争先，依靠良好的行为习惯和自强不息的精神，成为对社会有用之才、对国家有用之士，让青春之花绽放异彩。

“习”以为常　谁堪比强

唐县启明中学　祁贝妮

“同学们，考试时要做好时间规划，不然容易答不完卷。”老师叮嘱道。我轻蔑地说了一声：“谁信呢!”

随着初三的到来，学业压力显著增加。然而，我的思维似乎仍旧停留在过去，难以转变。对于学习习惯的重要性，我始终没有给予足够的关注。当我还没有意识到考试中时间管理的重要性时，第一次月考已经悄然临近。

为了这次考试，我可以说是付出了超出常人的努力。每天清晨，我在操场追逐第一缕阳光；每日傍晚，我在教室里亲吻最后一抹夕阳。我对这次考试可谓信心十足。

可是……

在我认为数学能拿优秀时，最后一道大题却没有时间完成。望着墙上的钟表，我多想让时间在那一刻定格，可现实是残酷的，到最后题还没看完，只能匆匆交卷。

“你估了多少分啊?”同学问道。冷风吹过，树影婆娑，在我看来就像是群魔乱舞，树叶发出沙沙声，仿佛在嘲笑我的自以为是。我对同学的问题沉默许久，没说出一句话来。

自那次考试遭遇挫折以来，我便开始遵循老师的指导，培养规划考试时间的习惯。手表成了我的计时器，每次解题时我都会设定好时间限制。时间的推移激发了我的紧迫感，解题速度也随之提升。最终，我摆脱了依赖定时器的“拐杖”，即便不借助定时器，也能迅速完成题目。就这样，一个良好的习惯逐渐养成了。

期中考，我信心满满地走进考场。

“开始答卷。”答题卡被我一点点填完，等我做完之后，看向墙上的钟表，还有十分钟。那一刻，我逆着光，浅笑飞扬。

“你估了多少分啊?”同学再次问道。一股暖风吹过，草儿摇晃起来，在我看来像是在为我鼓掌，鸟儿发出的喳喳声，仿佛是在为我欢歌。对于同学的又一次提问，我明快地回了一句：“我进步了哟!”

此刻，云儿浅淡，风儿轻暖，把我们镶嵌在了那一寸时光中。“习”以为常，谁堪比强?

◇二等奖

当读诗成为一种习惯

唐县启明中学　王艺飞

窗外满地的黄叶，这是秋的呓语。风已微凉，可内心却是满满的、暖暖的，因为读诗已成为我的好习惯，中华诗歌填满了我那一方心田。

当读诗成为一种习惯时，它仿佛为我插上了想象的翅膀。幼时，手中总捧着《唐诗三百首》，不管在何时总是会被诗歌的一切所吸引。闲暇之余，我也总会幻想诗人作诗时的样子，细细描绘，累积数万。

稚嫩的嗓音吟诵着那一首《静夜思》，不懂得那“举头望明月，低头思故乡”中浓浓的乡愁，“疑是地上霜”为我幼小的心灵注入了无限的想象。每逢秋月当空，皎洁的月光倾洒大地之时，我的脑海中便浮现出李白描绘的那幅月下美景。我曾对着骆宾王所写的《咏鹅》中那一句“白毛浮绿水，红掌拨清波”轻声地询问，那洁白的鹅与绿水相映是一幅怎样的景象？

时光荏苒，转眼我已能领悟诗歌中的魅力。当读诗成为一种习惯时，它为我琐碎的生活带来无数的欢愉。在春日，我沐浴在“迟日江山丽，春风花草香”的春光中；在夏日，我欣赏着“接天莲叶无穷碧，映日荷花别样红”的美景；在秋日，我感受着“枯藤老树昏鸦”的肃杀，也感知到“晴空一鹤排云上”的豪情；在冬日，我体会着“大雪三日，湖中人鸟声俱绝”的寂寥，也观赏着“忽如一夜春风来，千树万树梨花开”的奇特景象。

青春期的白马飞驰而来，变化的是光阴，不变的是读诗的好习惯。当读诗成为一种习惯时，它为我失意的生活扫走乌云。

每当考试失利，心中郁结难以释放时，不妨翻开诗集。捧起诗卷，李白的“长风破浪会有时，直挂云帆济沧海”总能让人豁然开朗；面对贬谪生涯，苏轼曾言：“竹杖芒鞋轻胜马，谁怕？一蓑烟雨任平生。”考试的小小挫折又算得了什么？拾起课本，继续前进，才是正确之选。人生旅途中，岂止考试失利这等小挑战、小磨难？面对路上的荆棘，无论怎样，都应怀有“仰天大笑出门去，我辈岂是蓬蒿人”的勇气与信念，继续前行。

当读诗成为一种习惯时，我惊喜地发现，现实生活中的点点滴滴都是美好的。我明白，这是诗歌赋予我发现美的眼睛。我站在窗边翻着发黄的书页，仔细品味诗歌中的意蕴。岁月不再，可中华民族那流传下来的千年文明经过时间的锤炼，散发出沁人心脾的芳香，如同一杯美酒，醉了中华儿女的心。

红旗，在烈日下飘扬；诗歌，在心田中绽放。阅读诗歌已经成为我的一种生活习惯，蕴含着中华民族精神力量的诗歌，也将塑造我的人生。

甜

唐县启明中学　赵梦怡

偶尔，我会因为无意间养成的良好习惯感到心中甜甜的。

早晨的阳光透过玻璃照在床上暖暖的，被闹钟叫醒的我懒洋洋的。我的眼睛还没完全睁开，身体已经提前做出了反应，起床，穿鞋，叠被子，铺床单。

“怎么这么早就起床了，假期不是应该睡到自然醒吗？我还打算一会儿叫你吃早餐呢，”妈妈一边忙碌着手头的活计，一边转头对我说，“你们这些孩子一放假不是总爱睡懒觉吗?”我伸手遮挡着刺眼的光线，懒洋洋地回答：“没办法，学校的生活就是这样，好习惯不知不觉就养成了。等我意识到时，我已经把床铺整理好了。”放下手，我望向窗外那片被阳光染亮的天空，继续说道：“一旦整理完毕，我就睡不着了，平时这个时候我们已经在进行晨练和早读，不会这么早吃早餐。”

用餐时，母亲为我盛满了饭碗，并为我煮了几个鸡蛋。我像在学校时一样，用餐完毕后，将剩余的鸡蛋壳丢进垃圾桶，然后顺手清洗了碗碟。不经意间，我意识到自己似乎又养成了一个好习惯。“你变得很勤快呢，学校教会你这些真不错!”母亲在餐桌旁拿着碗，面带微笑地望着我。我报以微笑，轻松地回应：“我并没有你想象的那么懒惰，学习好坏暂且不提，好习惯是逐渐养成的。”“不愧是我的孩子，这么快就自夸起来了。”我有些尴尬地摆了摆手：“我得去写作业了。”母亲转身叫住我，让我去唤醒还在沉睡的父亲和弟弟。她低声嘟囔着：“到现在还不起床，幸好我的女儿不像他们，否则等我老了，我可要累坏了。”听到母亲的唠叨，我只是笑了笑，便急忙走向卧室，唤醒那两个沉浸在白日梦中的父子。同时，我的心中不禁涌起一股甜蜜的感觉，觉得有人唠叨也是一种幸福。

写作业时，即便独自一人身处宽敞的房间，我也不感到孤单。相反，我仿佛在浩瀚的书海中畅游，自由地汲取知识。遇到难题时，我会借助手机进行搜索，仔细研读解析，直至彻底理解。经过一段时间，我发现自己精力更加充沛，行动更加充满动力。不知不觉间，我在学校培养的良好习惯又被我带回家中。母亲推门而入，目睹我认真学习的情景，不禁感叹：“我的女儿已经长大了。”听到这句话，我的心中涌现出一股甜蜜的满足感。

将学校培养的良好习惯带回家中，让我感到甜滋滋的。好习惯我还会继续养成，敬请期待哦！

自强者进　自律者成

唐县启明高级中学　苑天宇

依然记得初入高中时的那份青涩，然而一年多的历练已让我培养出自律自强的良好习惯。我将在通往高考的征途上，以自律为基，握自强之剑，奋力向前。

当踏入高中校园的那一刻，我便深知，若要在高考中崭露头角，必须培养良好的习惯，自强、自律。这种认识在一次考试失败后变得尤为深刻。那是高一的一次月考，经过一个假期的作息混乱和放纵玩乐，我不出所料地遭遇了考试失利。面对排名的下滑和同学们讨论成绩时的欢声笑语，我感到了一种难以言表的羞愧。正是那一刻，我开始正视自己的成绩，观察那些成绩优异的同学的学习方法，努力寻求突破和提升。最终我意识到，只有不偏科，养成好习惯，才能成为最后的赢家。

在认识到自己的不足之后，我开始采取措施进行改进。通过分析我的成绩，我意识到英语是我最薄弱的科目。如果能够将英语成绩提高到班级中上游水平，我的整体表现将会有显著的提升。一股强烈的决心在我心中燃起。"天行健，君子以自强不息。"这句古训穿越时空在我耳边响起，激励我要不断自我强化和自律，迎接一个全新的自我。很快，这种决心达到了顶峰。

随后，我开始与同学展开竞争，坚定地设定一个目标，并在各个领域向他学习，力求超越。清晨，我总是比其他人更早起床，确保有足够的时间进行洗漱，并能提前到达教室开始学习。那时，墙上"一日之计在于晨"的标语显得格外醒目。我遵循班主任的建议："虚心求教是学习进步的法宝，只有通过向老师请教，我们才能提高成绩。学习是为了自己，而非仅仅为了老师。

希望大家铭记这一点。”我的斗志仿佛找到了释放的途径，理科成绩也在这一方法的指导下迅速提升。正如古语所言，“有志者，事竟成”，我仿佛看到了成功的彼岸。夜晚，躺在床上难以入眠时，我开始背诵英语单词。我深知自己的英语成绩不尽如人意，也明白“勤能补拙”的道理，因此我更加珍惜每一分每一秒可以利用的时间。

记得在我自律初期，成绩并未显著提升，那时周围充斥着嘲笑的声音和不解的目光，但我仍旧坚持那句话：“自强者进，自律者成。”

如今，我已步入高二，深知成功绝非一朝一夕之功。然而，只要坚持不懈地追求目标，满怀信心地勇往直前，无须外界鞭策便能自我激励，自律自强定能成就辉煌。经过一年多的不懈努力，我已品尝到努力的甜美果实，成绩显著提升。在最近的几次大型联考中，我均名列前茅。我想说“好习惯是培养出来的”，也想说“好人生是拼出来的”！

“书山有路勤为径，学海无涯苦作舟。”我相信每个人的努力都不会白费，只要心中有理想、手上有行动，就会收获累累的硕果。让信念与习惯带领我们走向成功吧！

让好习惯铸就人生亮丽底色

唐县启明高级中学　赵紫蒙

“纸上得来终觉浅，绝知此事要躬行。”养成一个良好的习惯，往往需要不断地坚持和反复地练习，更需要亲身的尝试与实践。良好的习惯就像肥沃的土壤、永不枯竭的源泉、坚固的根基。只有土壤肥沃，庄稼才能茁壮成长；只有源泉不竭，水流才能持续奔腾；只有根基坚实，大厦才能稳固矗立。人生就像庄稼、河流、大厦，只有依靠良好的习惯，才能塑造出人生的亮丽底色。

还记得，我刚刚来到六一小学的时候，校园里到处都是培养良好习惯的标语，小学生时时刻刻都在被潜移默化地影响着。每天大课间，节约用水的话语让我记忆犹新：“节约一滴水，就是对爱的奉献……”晚自习前的十五分钟练字时间，广播中不断传来“胸口离桌面一拳，手指离笔尖一寸，眼睛离桌面一尺……”的温馨提醒。午休前，广播里循环播放的简短寓言故事，如《邯郸学步》《亡羊补牢》等，伴随着我们进入午休的梦境。在餐桌前，监督员提醒我们践行光盘行动，杜绝食物浪费。每周一次的大扫除、每月一次的文明宿舍和文明班集体评比……这些以好习惯为核心的活动，逐渐融入我们的日常生活，日复一日，月复一月，不断巩固着我们一生的好习惯。

随着我们升入初中，进而步入高中，这些良好的习惯并未被遗忘，反而深深地刻印在我们的日常行为中。在洗脸、洗脚时，我们会用盆接水，避免水资源的无谓浪费；上课时，我们不断提醒自己保持端正的坐姿，全神贯注地投入学习；用餐时，我们坚持光盘行动，并且饭后主动清理餐桌；起床后，我们会整理床铺，将被子叠成整洁的“豆腐块”。我们每个人都在自觉地实践着在生活和学习中养成的好习惯，期待着“一遇风云便化龙”的辉煌时刻的到来！

子曰：“见贤思齐焉，见不贤而内自省也。”我从周围同学们的身上学到了许多良好的习惯，这帮助我弥补了自身的不足，努力做到更好。例如，我观察到我的同学在处理事务时动作迅速，效率惊人。反观自己，我发现自己时常拖延，有时还表现出懒惰，这让我感到非常羞愧。因此，我开始向同学学习，逐渐改正了自己拖延和散漫的不良习惯，越来越重视行动和学习的效率。在生活的各个方面，每个人都有值得学习的优点，我始终以强者为榜样，从未放松对自己的要求。

“长风破浪会有时，直挂云帆济沧海。”我相信我的未来一定是亮丽的！

“习惯决定性格，性格决定人生。”良好的习惯是成功的基石，是前进的根基。然而，良好习惯的培养并非一朝一夕之功，也不会一蹴而就。因此，我们青少年需要善于在日常生活中发现并学习良好的习惯。只有持之以恒地坚持，并将其融入日常生活的点点滴滴，我们才能将“行为”转化为习惯，从而铺就精彩人生的底色！

好习惯造就好人生

唐县启明中学　崔向珊

生活中的细微行为塑造了我们的日常习惯，而良好的习惯是美好人生的基石。好习惯宛如一座通往进步之门的桥梁，它能推动我们不断成长；好习惯犹如成功之路上的加速器，助力我们迈向个人成就；好习惯恰似一束束光线，唯有累积，才能汇聚成耀眼的光芒。拥有良好习惯的人生，是自信的，是自强的，是充满活力与激情的。

无论古今中外，好习惯的非凡意义都是可以具体化的：闻一多先生的行事风格，即说了就做，做了不说，贯穿了他的一生，赢得了世人的广泛赞誉，并助他成就了许多伟业；鲁迅先生终身保持着快步行走的习惯，他说时间就像海绵里的水，挤挤总会有的，这种对时间的珍惜使他的人生更加充实而有意义；法布尔自幼便对昆虫产生了浓厚的兴趣，每当闲暇时刻，他总是拿着放大镜前往荒石园，对昆虫进行细致的观察，这一习惯最终成就了他作为杰出昆虫学家和科普作家的名声……

以我自己为例，过去，我总是对阅读不屑一顾，提不起丝毫兴趣，认为这是无关紧要的事情。那时，我将大部分精力都放在玩乐上，对外面的世界充满了无尽的向往，不仅阅读速度缓慢，而且无法静下心来，内心仿佛有无数只蚂蚁在爬行。这导致我的阅读和写作能力令人担忧，语文成绩也令人失望。

之后，老师对我的成绩进行了深刻的分析，她指出我没有养成良好的阅读习惯。这让我意识到了自己的不足，我开始默默地改变。我尽量将娱乐时间转移到阅读上，并将每日阅读时间控制在半小时以上。我坚持不懈，不轻言放弃。经过两个月的持续努力，我对阅读的兴趣与日俱增，它逐渐成为我生活中不可或缺的一部分。通过这样的努力，我仿佛破茧成蝶，阅读能力得到了显著提升，写作水平也日益进步，语文成绩更是稳步上升。这些成就的取得，归功于我在迎难而上、勇往直前的过程中，战胜了自我，养成了热爱阅读的好习惯。

人们常说养成良好的习惯至关重要，然而知易行难。为自己制订一个培养好习惯的计划或许不难，但真正的挑战在于实施。我们需要坚定的信念和不屈的意志，永不言弃，持之以恒，勇于突破自我。相较于养成坏习惯，培养一个好习惯显然更为艰难，但若能成功，那将是一项非凡的成就。

良好的习惯彰显人生的真谛，体现个人的价值，塑造健全的人格。让我们持续培养良好的习惯，书写无愧于青春的壮丽篇章。

人生之绚烂夺目，需以好习惯为起笔

唐县启明高级中学　李宇轩

在漫长的求学道路上，我们经历了无数的成功与失败。经过十几年的寒窗苦读，我们养成了许多良好的习惯。这些习惯宛如夜空中璀璨的星辰，为寂静的黑夜增添了绚丽的色彩；它们也像在迷茫时刻的一叶扁舟，引领我们抵达成功的彼岸；它们更是如同激荡的波涛，汇入人生的海洋，激起了澎湃的浪花。

好习惯助力学习进步

不久前，学校隆重举办了好习惯交流会，我有幸目睹了著名教育家魏书生老师的风采，他的教育理念深植我心。其中，魏老师关于写日记习惯的强调给我留下了深刻的印象。他极力主张我们应持之以恒地记日记，以反映个人的经历和情感世界。我遵循魏老师的建议，每日坚持撰写日记。随着时间的推移，这些日记逐渐累积，成为我成长历程的见证。在忧愁时刻，翻阅日记总能为我带来安慰。坚持写日记的习惯不仅帮助我在困惑时寻回自我，还提升了我的语文素养和写作技巧，极大地推动了我的学业进步。这一良好习惯让我在面对挑战时能够保持冷静，保持积极的心态，为我的学习奠定了坚实的基础，并有效提升了我的语文成绩，让我更加充满动力。

好习惯提升道德品质

中华文化博大精深，五千年的历史积淀孕育了丰富多彩的美德和优良传统。作为新时代的青年，我们也在致力于传承和弘扬这些优秀的道德品质。

校园里，尊师爱友是我们的日常；打饭时，坚决贯彻“光盘行动”的理念是我们的身体力行；重阳节时，主动为福利院的爷爷奶奶准备节目，帮他们打扫卫生是我们的爱心行动……这些好习惯无处不在，如影随形，它帮助我们树立良好的思想品德，提升我们的道德修养，培养我们正确的价值观、人生观及世界观，让我们为以后的人生奠定了坚实的基础。

好习惯为我们搭起成功的桥梁

一个优秀的人，其做人做事必定有坚持的好习惯。我的班内有这样一位神人，不论何时考试，永远稳居前茅。我曾以为她属于天赋型选手，然而，经过一番细致的观察，我意识到她的勤奋和态度才是她成功的决定性因素。在课堂上，每次抬头，我都能看到她专注听讲的神情；课间休息时，转头一瞥，她总是积极地向老师请教，或是认真地答题。日复一日，她始终如一。或许对她而言，这些已经成为她生活的一部分。我自感在努力程度上不及她，但始终将她视为我的榜样，不断向她学习，努力在学习上保持专注，并在课后虚心向老师和同学们请教。我深信，这些良好的习惯终将成为我通往美好未来的坚实桥梁。

播下一个习惯，你将会收获一种精彩的人生。良好的习惯铸就辉煌的人生，它们是奋斗岁月中最耀眼的底色。良好的习惯是我们漫长人生旅途中需要持续坚持和不断完善的。若要让生活绽放光彩，就必须以良好的习惯作为开端。

习惯改变人生

唐县启明中学　葛芸汝

习惯人皆有之，有好有坏。良好的习惯能够极大地改善我们的生活，引领我们朝着积极的方向前进，而不良习惯则可能导致严重的后果。因此，培养良好的习惯至关重要。要养成好习惯，关键在于坚持不懈，这样我们的人生才能充满活力和动力。

我曾经也是一个喜欢走“捷径”的女孩，总是自认为很聪明，做事时常常不够认真、不够努力。例如，在完成某项作业时，我总是会偷偷利用网络资源去寻找答案；在排队等候时，我也会偷偷插队，以此来节省自己的时间。我忽视了这些“捷径”可能对自己或他人产生的影响：直接抄写答案不利于培养独立思考的能力，这可能导致在遇到难题时过分依赖他人，缺乏自主解决问题的意识；随意插队不仅对他人不公，还可能给他们造成时间上的压力，甚至在严重的情况下，可能引发事故。

自踏入启明中学的那一刻起，我便融入了一个井然有序、规则明确的环境。老师们不断教导我们，要培养独立思考和勤于动脑的习惯，避免在遇到困难时急于求助。因为往往在下一刻，我们就能找到问题的解决之道，否则可能会错失发现解题方法的机会。得益于在初中阶段培养出的这种思考习惯，生活中每当遭遇突发状况，我总能从多角度进行思考，不再轻易向父母求助。我的父母也对我的成长和独立感到自豪，这甚至成了他们向他人夸耀的资本。

良好的习惯不仅能够促进家庭的和谐，还能让社会变得更加融洽。我们在学校养成的排队的习惯，不仅可以预防踩踏事故，还可以赢得陌生人的感激之情。在商场购物时，虽然自动结账机带来了极大的便利，但新奇的事物总是激起人们的好奇心。结果，人群蜂拥而至，秩序荡然无存。我注意到其中还有老人，担心会发生意外，便鼓起勇气大声呼吁："请排队!"人们似乎意识到了自己的不当行为和冲动，默默地排起了队，那位老人对我报以微笑……那一刻，我确信，我的呼吁是正确的。

在日常生活中，我们所获得的成就与面临的挑战，往往源于我们的习惯。这些习惯反映了我们对待生活和人生的态度。因此，培养良好的习惯对于塑造成功的人生至关重要。

养成良好习惯　成就美好未来

唐县六一小学　赵雪妃

良好的习惯实际上是指那些本质上美好、高尚，或者对我们的生活有益处，在人们认知中被认为是正确的行为模式。养成好习惯，就是培养好品质。叶圣陶先生说过："好习惯养成了，一辈子受用；坏习惯养成了，一辈子吃亏。"认真聆听了好习惯经验交流会后，我知道了养成好习惯的重要性。

体育锻炼曾是我最不感兴趣的活动，也是我最难以坚持的事情。每次上体育课，我总是设法溜回教室休息，或者与同学闲聊。即便参与了运动，我的热情也总是短暂如"三分钟热度"，跑上一两圈便停歇下来。然而，在聆听了魏爷爷关于养成良好习惯的讲座后，我开始意识到体育锻炼能产生一种令人享受的快感，以及战胜困难后的成就感。于是，我下定决心，要增加自己的运动量。慢慢地，运动时分泌的多巴胺让我逐渐体会到了运动的乐趣，并学会了面对困难时需要坚持的道理。如今，我越来越享受运动带来的快乐。

良好的学习习惯能够显著提高学习效率，实现事半功倍的效果。回想过去，在低年级时，我的课堂注意力非常不集中，这直接导致我的学习成绩急剧下滑。随着时间的推移，我开始变得懒散，对学习失去了兴趣。然而，在参加了一次关于良好习惯的经验分享会后，我的老师开始鼓励我们自主学习，并在课堂上给予我们更多的自主权，让我们真正成为学习的主导者。我逐渐发现，我对学习的热情越来越高，也越来越能感受到学习的乐趣。现在，我上课时全神贯注，努力记录每一个重点和难点，保持清醒的思维，全力以赴。在课后的复习和巩固中，我也从不懈怠，努力克服学习中的难题。经过一段时间的努力和坚持，我的成绩终于开始稳步提升。我看到了良好学习习惯带来的积极效果，并享受到了坚持这些习惯所带来的快乐。

培养良好的习惯是通往美好未来的基石。自古以来，无数拥有优秀习惯的名人故事，如匡衡凿壁借光、祖逖闻鸡起舞，他们的习惯和事迹一直生动地在人们之间流传。相反，也有不少人因不良习惯而毁掉了自己的人生，例如才华横溢的仲永，每当我们读到关于他的故事，都不禁发出“伤仲永”的叹息。

这次好习惯经验交流会之后，我养成了许多良好的习惯。尽管仍有许多不足之处，但我坚信自己能够逐渐养成更多的好习惯。虽然没有人能够预知未来，但只要我们持续保持这些良好的习惯，一路乘风破浪，就可以书写属于自己的美好未来！

关键词

唐县启明中学　万梓汐

我们所勾的每一个关键词都是在为自己的人生增添色彩。

“咚咚咚！”哦，天哪，这熟悉的敲黑板声。“看我！”果然是美丽聪慧的英语老师“蚊子”。

“我们做题要干什么？”同学们齐声答道：“勾关键词！”“OK，开始做吧。可别让我逮到你没勾关键词啊！让我逮到了，你就遭老罪了！”唉，“勾关键词！”这句话听得我耳朵都起茧子了，烦死人啦！老师整天强调这个，我都能倒着把这句话说出来了！这个嗡嗡声太烦啦！

聪明伶俐的我脑子里冒出了一个大胆的想法：今天我还就不勾了。我这么聪明，不至于不勾关键词就错一大堆题吧？那就让我来考验自己吧！一名赤手空拳的战士来到了战场。

只见我噌噌地做完了老师所留的练习题，虽然做起来有捡“兵器”的想法，但我还是按捺住了自己蠢蠢欲动的手。虽然做起来有些磕磕绊绊，但我的速度快了好多。我就说吧，不勾关键词，舍弃这个习惯又怎样？那都不是事儿。

赤手空拳的战士还未察觉到身后危险的气息，仍在得意扬扬地为自己喝彩。

当我正在小说世界里漫游时，一个突兀的声音打破了这份美好。“英语老师叫你去她办公室哦！”天呐，课代表那么好听的声音怎么能说出如此恶毒的语句。我拖着灌了铅的身体，慢慢挪到了英语老师的办公室。

小战士抬头望天，原本明亮的天空现在却乌黑一片，完了！

不出所料，我被臭骂一顿；出乎意料的是，我的正确率从95%降到了65%。老师的骂喊声变成一支支利箭，从天空倾泻而下，刺向毫无还手之力的小战士。尽管她四处逃窜，但还是被伤得遍体鳞伤。

我拿着作业回到了座位上，低头，泪珠滴在了老师的评语上——勾关键词。小战士也在心中种下了一颗名为“勾关键词”的种子。

小小的关键词，在做题中起着大大的作用。

小小的好习惯，在人生的海洋中也会激起大大的浪花。

培养良好习惯　成就璀璨人生

唐县启明高级中学　赵梦涵

习惯是生活之基石，是生命之根本。善于养成良好习惯的人，方能收获成长。

我首次深刻意识到良好习惯的重要性，是在听了魏书生老师的讲座之后。他那银发、瘦削却精神矍铄的形象，至今仍清晰地刻印在我的记忆中。站在学校报告厅的讲台上，他尽情地展示着自己的才华与智慧。那时的我，感受到他不仅仅是一位杰出的教育家，更像一只怀揣着凌云壮志的雄鹰，在高空自由翱翔。蓝天白云是他的陪衬，而周围的赞美与欢呼，则传达着人们对他的敬意和仰慕。他所强调的良好习惯，至今仍让我记忆犹新。他那幽默风趣的语调、矫健的身姿、开朗的笑容，都历历在目，让我对“习惯”的意义有了更深刻的理解，并为我的人生道路指明了方向。

魏老师曾经举过一个例子，他教的一名学生最初成绩不佳，后来逐渐进步，最终跻身优秀学生行列。这个例子凸显了良好习惯对个人成长的巨大影响。我们许多学生，包括我自己，常常表现出一时的热情和不切实际的期望。然而，魏老师的这个例子让我警醒，我开始尝试按照魏老师的建议去改变自己的不良习惯。起初，我设定了许多小目标，原以为这些目标轻而易举，不需过多关注，但实际操作时却发现它们难以实现。我有时会强迫自己必须完成任务，但结果往往以失败告终。

随着岁月的流逝，高考的脚步日益临近，压力也随之加剧，我曾考虑过放弃高考。但最终，我决定再给自己一次机会。我开始设定切实可行的学习目标和任务，并严格管理自己的时间，高效地利用每一刻，力求完成每日的计划。有时任务勉强完成，有时则略有不足。但每当成功时，我都能从中汲取到继续前进的动力和信心。随着时间的积累，我逐渐体会到了目标达成的满足感，这种感觉不断激励我前行，也逐渐消除了我放弃的念头。

那时，我也不再感到山高水远，而是满怀激情、斗志昂扬。数月过去，我的学习成绩不知不觉间有了显著提升，意志也得到了锻炼。我开始明白，尽管前路漫长，只要坚持不懈、勇往直前，就一定能实现人生目标。我也逐渐意识到，自己从一个曾经拖延、轻易放弃的小女孩，成长为如今坚持不懈、意志坚定的“小大人”。这种良好的习惯不仅影响了我的学业，更让我在面对生活中的挑战时，能够保持恒心和毅力，克服急躁，培养冷静与沉着。每当回想起自己的这些变化，我都会深刻体会到良好习惯的重要性，是它让我更加从容坚定地面对未来的挑战与困难。

培养良好习惯是我们青年奋斗路上的源泉，将来的我定会紧握好习惯之手，拥抱更加美好的璀璨人生。

习惯塑人生

唐县启明中学　王佳煊

七个一分钟，八个好习惯，塑造美好人生。

——题记

好习惯对一个人意味着什么呢？好习惯是我们成长中不可缺少的精神伴侣，好习惯是我们学习中的得力助手，好习惯是我们生活中重要的引路者。魏书生爷爷提到的培养好习惯的做法，给予我很大的启示。

自信散光芒

每天告诉自己一次：我真的很不错。发光并非太阳的专利，自己也可以发光。每个人身上都有光芒，或大或小，或明显或隐蔽。对于勇敢的人来说，他的光芒是显而易见的。茫茫人海中，唯独自信才会夺目。记得在小学的盛夏时节，天气炎热得让人难以忍受，同学们都感到异常困乏，我自然也不例外。作为班长，我曾在某一天的午休自习时分，被困意侵袭，打起了瞌睡。那困意就像一个恶魔，紧紧地缠绕着我。正当我快要倒下时，一个声音将我唤醒。我急忙挺直身体，却发现同学们的目光齐刷刷地投向了我。老师在全班面前严厉地批评了我。那一刻，我仿佛被一盆冷水从头浇到脚。直到太阳西沉，平日里学习效率颇高的我，对于下午老师所讲的内容却是一无所知。对于因犯错而受到的批评，我感到既懊恼又悔恨。黄昏时分倦鸟归巢，我回到家中，意外地看到妈妈正在观看魏书生先生的讲座视频。“人非圣贤，孰能无过？如果因为一次挫折就失去自信的锋芒，那将是一个巨大的损失……”

魏爷爷的话传入我的耳中，仿佛再次点醒了我。感谢魏书生先生，他让我深刻地理解了自信对一个人的重要性。

坚持取成就

无论何时开始，关键在于开始之后不要放弃。古人云："活到老，学到老。""坚持"这个词说起来简单，做起来却需要下一番苦功夫。面对每次只有三十分左右的作文，我总是感到极度苦恼和无助。我不断努力寻找原因、分析问题、向老师请教，最终发现症结所在——课外阅读积累不足。为了提高作文分数，我仿佛着了魔一般，不断向母亲提出要求："妈，我要去图书馆!""妈，我要买这本书!""妈，这本书真的很不错……"在短短半个月的时间里，我阅读了不下二十本经典著作，渴望从中汲取知识。即使眼睛感到酸涩，我也不愿停下；即使夜深人静，我也不愿放下……我如饥似渴地阅读了半个月，终于迎来了令人惊喜的结果：42分！这无疑是一个巨大的惊喜。当我拖着疲惫的身体收获学习成果时，我意识到这是坚持赐予我的宝贵礼物。

直至现在，我的身边仍充斥着"坚持好难啊"的声音。我感觉，难的不是坚持，而是克服自身的懒惰。只有收获过坚持的成果的人，才会明白坚持是有益的。

好习惯使人成长，好习惯使人进步，好习惯使人成功。如果你歌颂黎明，那么也请你拥抱黑夜。人生道路漫漫，没有做不到，只有不去做。做有好习惯的自己，做自信的自己，做肯坚持的自己。让我们激发自身的潜能，养成良好的学习习惯，担起为国效力的责任，为美好明天不断努力吧!

乘习惯之清风一览精彩人生

唐县启明高级中学　李佳楠

清风徐徐，水波不兴，好习惯微光照耀皎皎人生。精彩人生需要好习惯来成就，好习惯则需要一颗赤诚坚毅之心来养成。

乘独立思考之清风，方可见人生之浩渺无垠

《星座中找不到引路星光》一文中曾写到：当你不再轻易受外界干扰，开始独立思考时，就不会被星座催眠，更不会把信仰交给星座。这样的你，才能真正抓住生活、拥抱生活。偶然间读到的这句话，令我深受感动，我不禁回想起之前的学习生涯。

那是一段被动、无助、随风飘摇、随波逐流的回忆。缺乏独立思考的我，在学习过程中屡屡受挫。然而，当我意识到高中学习必须建立在独立思考之上，必须拥有自己的见解时，我开始调整方向。在理科领域，我开始独立寻找答案；在文科领域，我开始独立思考和探索；在生活经历中，我开始独立思考自己的角色，以便做出最佳决策。努力终将得到回报。我终于能够借助独立思考的东风，领略人生的广阔与壮丽。

乘勤奋积累之清风，方可见人生之辉煌

老子曾言："合抱之木，生于毫末；九层之台，起于累土；千里之行，始于足下。"这正是学习过程中积累重要性的生动写照。学习，本质上是一个不断积累的过程。在我的班中，有位女生的英语成绩始终稳定在 130 分以上，偶尔还能突破 140 分。因此，我决定在宿舍对她进行一次"采访"："请问你

是如何保持英语成绩在130、140分的?”她微微一笑，回答道：“其实很简单，就是平时多积累。”我虽然点头表示理解，但内心却暗自决定要观察她平时是如何“积累”的。经过一周的观察，我亲眼看见了她所谓的“积累”：早晨读书时，她不停地背诵记忆；课堂上，她总是手不离笔，笔记本不离桌；即使在跑步或做操时，她也会背诵英语单词；排队打饭时，她也会随手拿出小纸条复习。我对她的坚持感到惊叹，当我向她表达我的惊讶时，她只是轻描淡写地说：“这些不过是我的日常习惯罢了。”那一刻，习惯的力量深深地震撼了我的心灵。

乘反思自省之清风，方见人生之澄澈空明

反思是面对灾难时应有的态度；而改变，则是对抗问题的最佳回应。正如《劝学》所言：“君子博学而日参省乎己，则知明而行无过矣。”我的同桌有一个写日记的习惯，某日午休时，我无意间瞥见她在笔耕不辍，便好奇地问她：“为何要牺牲宝贵的睡眠时间来写日记呢？这有什么用?”她听后微微蹙眉，回答说：“日记能让我反思一天中的行为、态度和情绪，好处是显而易见的。”她进而建议我也尝试写日记。我采纳了她的建议，坚持写了一周的日记后，便深刻体会到了自我反思的魅力与益处。如今，写日记已成为我生活中一个极为有益的习惯。

那就让我们乘好习惯之万里清风，一览精彩人生。千里月光流泻，照我肝肺澄净如冰雪，九万里风鹏正举，载我的赤诚与坚毅。

习惯成就人生

唐县启明高级中学　王湘宇

在纷繁复杂的世界里，每个人都有自己独特的习惯。良好的习惯能够塑造成功的人生，而不良的习惯则可能导致人生的失败。

上小学时，我对于习惯这一概念尚且懵懂，更不用说理解什么是好习惯了。那时的我常常做事拖拉，缺乏时间管理意识。我的父母因此特别关注我的行为，他们想出了各种方法。

当时，我喜欢睡懒觉，可是上学时间不允许，于是我的父母开始了每天的叫醒服务。如果我还是不起床，他们会讲一些可怕的故事。于是，我不得不起床了。日复一日，我便不再赖床了。

上面的例子其实没有太大的说服力，我只是想说明一个道理：若能日复一日地坚持某项活动，随着时间的推移，它自然会演变成一种习惯。在我们的日常学习和生活中，培养良好的习惯显得尤为重要。

记得刚上高一的时候，我的第一次月考语文成绩仅五十多分。显然，提升语文成绩的关键在于平时的积累，确保需要背诵的文言文、古诗文以及句子赏析都能烂熟于心，并充分利用课堂和早读的时间。于是，我开始努力。

经历那次考试之后，我彻底改变了我的学习策略。闹钟一响，我立刻从床上跃起，迅速整理好被褥，然后洗漱，整理好仪表，快步走出宿舍，直奔教室。在那里，我打开语文课本和学习资料，开始高效地读书。读累了我就开始写，丝毫不敢松懈，因为我担心所有的努力都可能付诸东流。课堂上，我更是全神贯注，紧跟老师的讲解，唯恐错过任何知识点，并确保掌握所有必要的内容。这种学习方式对提升我的语文成绩大有裨益。

不出所料，在高一期中考试中，我的语文成绩实现了显著的飞跃，取得了九十五分的佳绩。我深信，正是良好的习惯铸就了我的优异成绩。其他学科的学习过程难道不也是如此吗？当我们渴望达成特定目标时，培养并践行良好的习惯，最终的结果往往令人满意。

习惯塑造人生。在成长的道路上，我们应当积极培养诸多良好习惯，同时摒弃不良习惯，以点亮我们的人生！愿每个人都能拥有良好的习惯，进而拥有美好的人生！

好习惯筑梦想

唐县启明中学　赵向涵

未知而茫然的人生，最终会迷失方向；飘零而顺水的小舟，最终会任意东西。

我曾经不了解拥有好习惯的重要性，也不曾去尝试培养。然而，随着学习压力的不断增大，我开始感到力不从心。一次与老师深入交流后，我才真正意识到良好习惯的重要性。

自古至今，哪一位成功人士不是拥有良好的习惯呢？

回溯历史的长河，东晋时期的祖逖便展现出了卓越的自律精神。你是否熟悉“闻鸡起舞”这一成语？这正是祖逖的生动写照。每天黎明前，当公鸡的啼鸣声响起，他便起床，在屋外开始习文练武。起初，他还有些不习惯。但随着时间的推移，他逐渐养成了这一习惯。他持之以恒，日复一日，年复一年，与朝阳一同迎接新的一天。即便在深夜听到鸡鸣，他也能立刻醒来，继续学习和训练。最终，祖逖不仅精通文韬，也掌握了武略，成为后人敬仰和效仿的典范。他的成就，正是源于他培养的良好习惯。

伟大的毛泽东主席同样拥有诸多良好的习惯。在阅读《红星照耀中国》这本书时，我从斯诺的笔触中，窥见了一位与书籍为伴、与文字同行的毛泽东。显然，他拥有阅读书籍的良好习惯。他对书籍的热爱、良好的阅读习惯以及非凡的精力，使他每天都能投入大量时间于读书学习之中。最终，毛泽东成了中华人民共和国的主席，并引领中国走向光明。

古往今来，有好习惯并且最后成就人生的还有很多人。正是因为他们拥有好习惯，才得以实现梦想，成就人生。

少年强则国强！我们身为当代有志青年，理应承担起建设祖国的重任。书山磨砺，志在凌绝顶；学海竞渡，雄风敢破浪。我们要努力培养好习惯，树立远志向，成就好人生，为实现中华民族伟大复兴的中国梦而奋斗！

好习惯　好人生

唐县启明中学　孙冰鑫

有人说，养成一个习惯需要 21 天。诚然，养成一个好习惯需要我们加倍努力。学习和教育伴随我们一生，而一个好的习惯，可以让我们本就平凡的人生变得不凡。

我非常荣幸地观看了魏老师在第二届培养良好习惯交流会暨教育创新发展论坛上的精彩演讲。演讲结束后，我在教室里深思熟虑，意识到习惯对个人的影响深远。因此，我下定决心，要为自己的未来人生培养一个良好的习惯。

养成好的习惯，首先要不忘初心。我的初心是什么？我感到迷茫，因此我开始向同学们询问他们所养成的习惯。他们告诉我："我每天早晨都会跑步。""饭后我总是会去散步。""考试结束后我会整理错题。"……在询问了多位同学之后，我意识到他们不经意间养成的习惯对我来说却难以持之以恒。但若我无法坚持，又怎能培养出好习惯呢？关于初心，他们提到"保持身体健康""提高综合成绩""维持平和的心态"……每个人都很出色，不仅因为他们的习惯，更因为他们坚守了自己的初心，成为自己人生的主宰。我也必须对自己的人生负责。我的初心究竟是什么？我想，我已经找到了答案。

为了培养和呵护我的初心，我对待所有事情都展现出了极大的耐心。正如魏老师在演讲中所提到的，拔苗助长、欲速则不达等警示语句，都在提醒我们要保持耐心。为了坚守初心，我追求精准的创新。面对自己不擅长的体育项目，我采取了循序渐进的方法，持续不断地努力；面对难题，我积极寻求帮助，不断提升自己；面对名利的诱惑，我将每天的时间安排得满满当当，没有余暇去幻想。

下定决心后，我上课时的专注度显著提高。在自我提升的道路上，为了提醒自己不要忘记初心，不要忘记所付出的努力和汗水，我开始坚持写日记。同时，我设定了许多目标，虽然起初可能是出于一时的冲动，但如今我从中获益良多。在人生的不同选择中，我的生活轨迹也随之改变。在人生的无数选择中，每一个选择都是一个转折点。随着我不断克服内心的恐惧，在人生这张答卷上做出选择时，我也变得更加勇敢。在一次次的选择之后，我领悟到勇敢的人最先拥抱世界。

两周后，学校迎来了假期，我回到了家中，与久别的父母重逢。上一次的相聚并不愉快，导致我们不欢而散。随着时间的推移，我内心的愧疚感愈发强烈。父母深知我的性格，明白我难以主动开口道歉，因此他们并未提及那次不愉快的经历。然而，出乎他们的意料，我主动提起了那件事，并向他们表达了歉意。尽管他们可能无法理解我这短短两周内的转变，也没有过多的言语表达，但晚饭时，他们特意准备了我最喜爱的菜肴。

当我重返校园，一种难以言喻的感觉油然而生。学校门前的街道熙熙攘攘，大多是送孩子上学的家长。我凝视着远方的树叶，回忆起它们夏日的繁茂。从冬日的凋零到春天的萌芽，再到夏日的葱郁和秋天的茂盛，这是否也是你的习惯呢？课间，我习惯性地拿出日记本，翻开新的一页，记录下当天的所见所感。起初，我不明白为何有人能坚持写日记，但现在我懂了。人生是如此短暂，随着时间的推移，关于某些事情的记忆和感受会逐渐模糊，然而，日记本中的文字却不会消失。当你再次翻开那本日记，是否能找回曾经的初心和目标呢？

无意间或用心养成的好习惯会成为你人生的调料，使你的人生更加有趣，充满各种味道的回忆，让你铭记努力的每时每刻，使自己做到真正的真、善、美。

优秀是一种习惯

唐县启明中学　杨子涵

背诵的公式或许转瞬即逝，牢记的知识点也可能随着时间的推移而逐渐模糊，但习惯却会深深地刻印在身体、骨骼和灵魂之中，伴随我们一生。

曾经，我的成绩并非格外出众。我觉得成绩只要不垫底，马马虎虎地过去就行了。因此对于学习，我秉持着“随便学学”的态度，面对老师的劝诫一律视为说教，左耳朵进，右耳朵出，只当是掠过一阵穿堂风。

直到某次考试，我出乎意料地超常发挥，那耀眼的成绩单一扫父母眉宇间的忧愁与疲惫。父亲兴奋地拍着我的肩膀，眼角眉梢洋溢着难以掩饰的喜悦，细密的皱纹舒展开来，仿佛绽放成一朵层层叠叠的花。母亲也以温柔的目光注视着我，眼中甚至闪烁着激动的泪花，我明白那是充满欣慰的泪水。老师们也不吝赞美。我第一次成了众人瞩目的榜样。真诚的夸奖和祝贺如同缤纷的鲜花，将我这个手足无措的人淹没。

真奇怪，面对批评，我无动于衷，可看着笑脸，听着鼓励，我却不能不动容。

保持下去吧，心里隐隐有道声音：你渴望被赞扬、被依靠，渴望前程似锦、一片光明。保持优秀吧，学会勤奋，学会自律，别让一次优秀只是超常发挥。我暗暗决定，要心向远方，不知疲倦，追求进步和卓越。从此，我开始培养良好的习惯。

听说养成一个习惯需要 21 天，我无法确认其真实性，但可以肯定的是，我已经培养了许多良好的习惯。我习惯了积极举手发言、提前预习课程内容以及完成额外的习题。无论是严寒还是酷暑，我都不会再抱怨。在日复一日的坚持中，我开始对曾经认为“枯燥无趣”的数学产生了热爱……我敬畏自然，崇尚科学，面对日益增长的知识，我深刻地意识到自己的无知。

时间不等人，韶光飞逝，在变化中窥见成长。面对赞美、羡慕，我已不会像从前那样不知所措，我习惯了优秀。

回顾过往，展望人生旅程，我满怀感激地回想起多年前那次非凡的表现。自那时起，我便致力于将卓越内化为习惯，直至今日，它已深深融入我的骨髓，将影响我的一生。

循时间的痕迹，通往未来世界

唐县启明高级中学　刘秋雨

人的成长在于环境和自身，若二者相辅相成，那无疑是前进路上的催化剂。今朝不论前者，只言自身。

春去秋来，江河依旧。四季的轮回不过是时间的流逝，而我已从稚嫩的孩童成长为成熟的少女。时间似乎总是捉摸不定，当我试图抓住它时，却发现一无所获。我试图在日常生活中寻找岁月的痕迹，偶然间瞥见桌旁的日记本，它便成了我追寻时间印记的线索。

我养成了写随笔和积累素材的习惯。把文字记录在纸上，即便岁月让纸张泛黄，也抹不去它们在我心中的位置。这些习惯对我的语文写作大有裨益。高中时期，文章多以议论文为主，这不仅考验了我对素材的积累，还要求我对写作材料有深刻的理解。尽管有时内容显得枯燥乏味，但恰当的语言运用和适度的抒情无疑是不可或缺的。在这样的时刻，我便会想到随笔中的一些句子，如“待到秋来九月八，我花开后百花杀”可以用来形容青年的才气；“苟利国家生死以，岂因祸福避趋之”则极好地表达了青年的责任感；“千磨万击还坚劲，任尔东西南北风”展现了青年的坚韧意志。这些句子，原本只是我无意中想到的圣人名言，因喜爱而记录在日记本上，未曾料到它们会在关键时刻成为我心中的镇静剂。

曾经我的位置紧靠窗边，当时我只觉得窗外的天地比乏味的课本文字更有趣，于是我便遐想远处的天，后来总觉得差点意思，光是遐想，那我所看到的就只是虚无之境，若想留住它，还需我做点什么，于是我写下了我的第一篇随笔。时间的碎片刺向我的脑海，我只记得当时落笔前的天空，似棉花糖的白云簇成一团，惠风和畅，吹起蒲公英，不知跑去了何方，许是正在柔软的云端休憩，我无声地观察，一一记录了这浪漫的云端之旅。

也正因这些习惯，我喜欢写作，喜欢语文，虽然只略知皮毛，但我会继续努力，不断完善自我。

以上种种，使我学习语文时不知疲倦，或许这就是兴趣。再者，细想一番“众里寻他千百度，蓦然回首，那人却在灯火阑珊处”，这是何等崇高之境界；“竹杖芒鞋轻胜马，谁怕？一蓑烟雨任平生”，我又如何能感悟其中深意。

我不断地探索，古文字典被我翻了一遍又一遍，我不觉麻烦，只想了解古人生活的天地。兴趣是最好的老师，对文字的兴趣也促进了我习惯的养成。

由是，我找到了时间在我身上留下的痕迹。“以后想从事什么专业?”成人礼结束那天，母亲曾问过我这句话。我抬头不言，只是眼中蔚蓝的天空比以往更加明亮。母亲会意，我们上车驶向了回家的路。

好习惯的养成，使我有了明确的目标，能够一往无前。当蒲公英重新启程，好习惯也将伴我飞向远方。

让好习惯永驻心间

唐县启明中学　田笑蕊

少成若天性，习惯如自然。

——题记

好习惯，是人生路上进步的阶梯，是我们成长中应该学会的礼仪修养。唯有让良好的习惯伴随左右，我们才能汲取力量，向着期待的远方迈进。

好习惯是养成好性格的开始，而一个好性格是一个人走向成功道路的阶梯。作为一名新时代的中国青年，我们更应该抓住细节，从身边的小事做起。只有把周围那些琐碎的事做真、做细，未来我们方能脱颖而出。

万事开头难。步入初三学轨的我，无时无刻不在与时间竞争，同阳光奔跑。清晨，我简单整理后便开始了充满活力的一天。美好的一天始于晨跑。我带着化学课本信心满满地来到操场，经过短暂的早读，便投入令人振奋的晨跑之中。迈开大步，踏上跑道，那一刻，我感受到了血液的加速流动，仿佛有一股力量在我体内澎湃。我深呼吸，感受着清新的空气，准备迎接挑战。起初，我全神贯注地奔跑，步伐坚定而有力，呼吸协调。但很快，汗水开始从额头滑落，体力渐渐不支，脚掌似乎被粘在了地板上。就在我即将放慢脚步的那一刻，我的脑海中浮现出自己手握高中录取通知书的场景。我抬头望去，眼前是无数学子奋力奔跑的景象。紧接着，我的双腿仿佛被注入了新的力量，变得像弹簧一样充满弹性，每一步都坚实地踏在地面上。我感受到风在耳边呼啸而过，仿佛在为我呐喊助威。我紧咬牙关，目光坚定地盯着前方的终点线。终于，我跑到了终点。

操场草坪上散落着同学们跑步时脱下的外套。在这个清晨，我完成了最后的跑步任务，也结束了内心的挣扎。在随后的日子里，我坚持不落后的原则，坚持提升我的跑步速度和质量。慢慢地，我惊喜地感受到自己的体质在增强，体育成绩也有了显著的提升。特别值得一提的是，在最近的体能测试中，我的 800 米跑成绩达到了满分。我开始享受运动带来的益处，这种积极的变化也正面影响了我的其他方面。

好习惯像一根绳子，每当我们培养出一个新的好习惯，这根绳子就会增加一股力量。只要我们持续不断地为它增添新的力量，不久之后，它将变得坚韧而有力。愿我们都能努力做好当下之事，去迎接美好的明天。好习惯，好人生，让好习惯永驻心间！

好习惯　好人生

唐县启明中学　宋柳凝

习惯就像一盏明灯，照亮了我们前行的道路；习惯就像一杯清茶，滋润了我们干涩的喉咙；习惯就像一架梯子，激发了我们向前的动力。人们都说："一个好的习惯，决定人的一生。"自然，一个具有正能量的好习惯，便是我们美好一生的基础。

养成一个好习惯，便要从一点一滴的小事做起。例如，在每个新学期伊始，设定一个切实可行的学习目标，这个目标应当既具有挑战性又贴合个人实际情况。确立了这样的目标后，我们便拥有了前进的动力。有了这份动力，我们能够识别自身的不足之处，明确努力的方向，以及如何将自己擅长的事情做得更加出色。

我培养了一些良好的习惯。每当新学期开始，我都会反思自己的优缺点，并将它们标于显眼之处。同时，我会邀请老师、同学、朋友和家人帮助我指出优缺点。这样，我能够更深刻地认识自己，发现自己的不足，寻找适合自己的方法来改变和提升自己，努力变得更优秀。除此之外，我坚持写日记，记录日常生活中的点点滴滴，包括快乐和悲伤的时刻。将不愉快的事情倾诉于纸面，往往能让我心情好转，减轻忧伤。虽然我并非每天坚持写日记，但我会定期记录。如果生活中没有特别的事情发生，我会从书中摘录优美的句子或段落，充实我的日记。写日记不仅能够帮助我们回忆往事，还能提升我们的文学修养和写作技巧。记得小时候，我并不喜欢写日记，这自然影响了我的语文成绩，尤其是作文分数。直到有一天，我经历了一件特别令我开心的事。为了永远记住它，我随手将这件事记录在一个本子上。之后，我决定将所有与我相关的事情都记录在这个本子上。有空时，我会翻看这些日记。坚持了一段时间后，我惊喜地发现我的语文成绩有了提升。我开始在作文中运用修辞手法，文章因此变得生动有趣，不再枯燥乏味。

我还有每天坚持读书的好习惯。我认为，读书可以让我们充实自己的生活，懂得是非喜悲的道理……

一个好的习惯，决定人的一生。只要我们坚持习惯，不放弃、不懈怠，便可以做得更好，成为更好的自己。

让好习惯成就精彩人生

唐县启明高级中学　张一诺

人生是由无数习惯构成的拼图，良好的习惯能够铸就辉煌的人生，而不良习惯则可能使人生走向颓败。在日常生活中，那些看似微不足道的小细节、小习惯，随着时间的推移，最终会汇聚成一股力量，要么引发风暴摧毁我们的人生，要么积累成为强大的动力，将我们推向人生的巅峰。

王建刚董事长微笑着告诉我们："是偶然，也是必然，更是爱心。"这是王董事长的办学理念。诺亚集团主要发展教育，可谓是大爱无私育后人。

从小细节中培养好习惯。魏书生老师曾说过："人人有事做，事事有人做，时时有事干，事事有时干。"在诺亚的校园生活中，学生和教师各尽其责，各个部门分工明确，紧密合作，协同努力。例如，在午餐时间，总有老师在场监督，确保学生遵循不浪费食物的原则，从而在这些小细节中培养学生的良好习惯。

让好习惯走进快乐课堂。诺亚集团致力于培养学生的良好习惯，并通过精细化的管理手段，打造充满乐趣的学习环境。我们的课堂活动形式多样，学校通过在每个教学环节和课外活动中安排教师指导，确保学生在课堂上专注学习，在课后也能遵守规则。在这样的管理方式和日常校园生活中，学生不仅在学习时全情投入，而且在课下游戏时也能保持文明礼貌。这不仅为我们的未来注入了希望，也让我们在追求梦想的同时脚踏实地。让这些好习惯伴随我们快乐成长，为诺亚学子的未来精彩人生奠定坚实基础！

唐尧故里传万古精神，诺亚教育育时代新人。尊敬的王董事长，为了我们的学习和品德思想教育，他创新教育理念，并邀请魏书生、刘秀祥等杰出人士为我们带来精彩的讲座。正如刘秀祥老师所言："人生而平凡，做而伟大，要把自己活成一束光。"这句话深深地铭记在我们每个人的心中。他的一次次演讲，将那些美好而正直的思想传递给我们。王董事长通过实践和大爱，培育出祖国的一朵朵美丽的花朵。让我们从小细节做起，从实践中养成良好的习惯，让诺亚精神永存!

优秀的教育能够促进学生知识水平的提升，而优秀的学校则致力于全面提升学生的综合素质，确保德育、智育、体育、美育和劳动教育的全面发展。通过关注生活中的细微之处来改正不良习惯，我们能够积累力量，逐渐展现潜能，最终通过持续的努力迎来人生的辉煌时刻。让良好的习惯塑造一个精彩的人生!

以阅读之炬　明人生之盏

唐县启明中学　安鑫超

从前我不是特别喜欢读书，宁可漫步在桂树下，看花朵纷飞绽放；宁可徘徊在阳光里，看树叶迎风摇摆。

我曾认为，读书是世界上最令人烦恼的事情。每当读书时，仿佛有瞌睡虫在我身上爬行，不一会儿就让我感到昏昏欲睡。直到班级举办了一次读书活动，同学们轮流分享他们的阅读心得，我的内心被无数的焦虑和不安所啃噬。我自己几乎没有读过任何课外书，此刻我感到无比羞愧。聆听同学们分享的精彩心得，我感到热血沸腾，时间仿佛凝固。我深受启发，为自己设定了阅读经典作品的目标。

渐渐地，我闻到了字里行间的书香味，也慢慢地感受到了经典作品的魅力。书海之中，我与爱丽丝一同漫游奇境，与唐僧师徒一同西行取经；我观三国英雄之豪情，赏梁山好汉之气概；我游萧红童年的呼兰河，赞海伦·凯勒对生命的顽强；我伴格列佛漂流异国历险，随鲁滨孙流落荒岛求生；我知《史记》中的历史故事，晓《论语》中的为人之道……在书中，我结识了许多良师益友，感悟了许多人生道理。之前写作文，绞尽脑汁也想不出，现在笔尖在稿纸上自由地舞蹈。因为读书这个好习惯，老师好几次表扬我作文写得好，这不仅让我对阅读产生了更浓厚的兴趣，也让我享受到阅读带来的幸福。

花儿需要阳光的陪伴，才鲜美娇艳；鱼儿需要流水的陪伴，才有戏水欢；人生需要阅读的习惯，才能更辉煌。阅读是一把火炬，照亮了我人生的路。以后的日子里，我会继续以书为友，砥砺前行！

◇三等奖

好习惯成就好人生

唐县启明高级中学　王硕颜

有时候，一个好习惯可能会给我们的人生旅途增添一道亮丽的风景，一个坏习惯亦可能会在人生旅途上增添污点。为了拥有成功的人生，我们应培养好习惯，因为好习惯对人生起决定性作用，好习惯成就好人生。

很久以前，我在小学学习书写时，就养成了一个不良的书写习惯。当时，我用食指和中指架在笔上，用无名指作为支撑。老师批评我书写姿势不正确，并要求我改正。对于一个小学生而言，这是很困难的。起初，我感到非常不适应，书写起来也异常费力。为了纠正这个坏习惯，我开始在完成作业时练习正确的握笔方法，并坚持每天放学后继续练习。在我的记忆中，大约经过一周的努力，我成功地改掉了这个不良习惯。直到今天，正确的握笔姿势让我的字既流畅又美观。

在初中阶段，我养成了更多有益的学习习惯。初入中学时，我缺乏一套适合自己的学习策略，考试后不会进行总结，学习时不会进行整理，遇到错题也不会进行归纳。在一次偶然的分组活动中，我遇到了一位小组长。她慷慨地与我分享了她的学习方法。在她的帮助下，我学会了三个重要的学习技巧：首先，上课时必须全神贯注地听讲；其次，记笔记不必急于一时，待老师讲解清楚后再做记录；第三，对于做错的题目一定要及时归纳整理，切勿拖延。随着时间的推移，我在学习上逐渐养成了良好的习惯。这些学习习惯至今仍让我受益良多。

另外，在我长达十年的学习之旅中，我还学会了对学习资料的整理和归纳。

高中是持久战，在这场战役中，丢了什么也不能丢了装备，这就要求我们高中生对学习资料进行有效的归纳整理。自初中起，老师就教导我们使用小夹子整理各科试卷，并在夹子上贴上标明学科和内容的标签。这一良好习惯对我影响深远。数学老师曾经强调，如果不会整理试卷，就难以顺利进入高三。高中阶段，我们面对的是海量的试卷，每一张试卷都相当于一份宝贵的学习资料，上面记录了学习过程中的许多知识点，同时也能帮助我们发现学习上的不足。由此可见，掌握对学习资料进行整理和归纳的技巧是多么重要。

好习惯成就好人生。习惯对我们学习和生活的影响不容小觑，我们在日常生活中应坚持好习惯，改正坏习惯。让我们的生活因好习惯而添彩，因好习惯而丰富，因好习惯而变得更好。好习惯的养成来之不易，珍惜每一次好习惯养成的过程，学会将好习惯培养和坚持下去，那将是你人生路上永久的财富。

习惯成自然

唐县启明中学　张雨轩

在家里，父母鼓励我们培养勤俭节约的良好习惯；在学校，教师期望我们养成认真完成作业的良好习惯。正是这些好习惯，构成了我们多彩人生的基础，使我们在面对挑战时不至于惊慌失措，面对诱惑时能够坚守正道。好习惯是构筑美好人生不可或缺的基石。

好习惯不能只在口头说说，要付诸行动。那是小学三四年级的时候，语文老师向我们介绍了阅读的好处，并鼓励我们每天阅读。当时的我，未能深刻理解坚持阅读的意义，仅仅将它视为一项必须完成的任务，对于“坚持”并没有太多的认识。

然而，我的观念逐渐发生了改变。每天半小时的阅读时间很短，只能浏览几个故事，但正是这些故事拓宽了我的视野。故事中的主角面对重重困难和挑战，却始终不言放弃；他们没有华丽的外表，却拥有一颗质朴的心。在阅读中，遇到幽默的情节时，我会开怀大笑；遇到紧张激烈的战斗场面，我会屏住呼吸，仿佛自己也置身于战场之中，耳边回响着兵器的撞击声和战马的嘶鸣声。阅读对我来说，已不再是一项必须完成的任务，而是生活中不可或缺的一部分。

“腹有诗书气自华”，书籍的持续熏陶不仅拓宽了我的视野，也滋养了我的心灵。大声朗读增强了我的自信，当老师提问时，我总是毫不犹豫地举手；在早自习领读时，我以适中的语速和富有节奏的语调，赢得了老师的认可。阅读提升了我的语言表达能力，使我能够全神贯注地沉浸在忘我的境界中。而静默的阅读则能平复我内心的浮躁，翻阅书页，感受墨香，聆听鸟鸣，小憩片刻，让时光静好，生命变得悠长。

随着进入高年级，学业变得愈加繁重。在快节奏的生活中，我们很少有机会像童年时那样聆听鸟鸣、嗅闻花香。然而，在那些难得的闲暇时刻，我总会抽出一本书，轻轻翻开，手指轻触着一行行文字，仿佛时光在缓缓流淌。有人说，一旦养成一个好习惯，它便难以被遗忘，将伴随人的一生。如果不是阅读，我的生活不会发生改变，我的人生也不会找到方向。好习惯能够深刻影响一个人的一生，无论时光如何流转，它都坚如磐石，永不改变。

好习惯成就好人生

唐县启明高级中学　李诗妍

纵观千古，横览八荒，人世俯仰千年，烛照历史的是亘古不灭的真理之光辉——好习惯成就好人生。吾以身践之，行之有效，故而斯言无谬。

我有许多习惯，我习惯随手记下心中的疑问，习惯记录每天的见闻，习惯在每天入睡前复盘一天所学，更习惯在压力中如风雨中的玫瑰般坚韧绽放……这些习惯自小学时期起便一直伴随着我。

夫成功常积于细微，而智勇多成于习惯。犹记这学期第一次月考，我得心应手，十分顺利地完成了所有题，也取得了不错的成绩，其中尤以语文成绩为傲——突破了110分的大关。这是我学习生涯的一小步，却是我高中生活的一大步。如若你问：何以取得如此进步？我便回答：好习惯使然。

具体说来，在考试前的每一个夜晚，随我入梦乡的是诗词歌赋，是“踽踽独行”。漆黑的夜，无声的梦，而我的脑海中浮现的是绚烂的诗词，是诗人的澎湃人生。窗外的星光渐渐式微，室内的氛围愈发静谧，我的思绪也渐行渐远，从“以吾一日长乎尔，毋吾以也”，飘飘然到了“屈平正道直行，竭忠尽智”，终究与庄子邂逅。以上习惯终使我在诗文默写中游刃有余。不仅如此，我还养成了练字的习惯，每天闲来无事时，便随手找来纸笔开始挥洒笔墨，虽不至于点墨成金、入木三分，却可陶冶性情又成就高分作文。

日常生活中我也有一些习惯足以一谈。

小时候，由于一次意外，我的眼角被划破了，缝了七八针。机缘巧合之下，妈妈告诉我：“吃饭吃得干净的人不留疤。”于是乎，自那时起，我便养成了吃饭不剩一粒米的习惯。不剩饭是对农田里辛勤劳作的农民的尊重，是对耐着高温做饭的厨师的理解，更是对自己内心安宁的追求。一粥一饭，当思来之不易。我相信不剩饭的习惯定将成为我成功路上不可或缺的基石。

内外具备，习惯随之；古往今来，习惯绵之；老少咸宜，习惯使然。一个人的行为反映的是他的思想，一个人的习惯折射的是他的内涵。思想决定高度，而习惯决定深度。若想行稳致远，好习惯必不可缺。故谓好习惯成就好人生！

习惯成就人生

唐县启明高级中学　刘瑜琪

当你遇到一个积极的行为时，将其记录下来，然后努力将其转化为良好的习惯。这样，你的生活将因这一习惯而变得更加美好。

刚踏入初中的第一天，班主任就规定六点十分必须到达教室。当时他讲话的时候，我在底下走神。“才六点十分，我晚点去也来得及嘛！明天晚点起。”

第二天早上睁开眼一看表，五点四十。“完了，完了，要迟到了！”舍友说：“不着急，这不还有半个小时吗？”于是我又躺下了，再次睁开眼时，时间已经指向了五点五十九分。

我火急火燎地收拾好床铺，匆匆忙忙地洗漱完就往教学楼狂奔。不出意外，我迟到了。

当我气喘吁吁地推开教室门，迎面看到的是坐在讲台上的班主任和几位迟到的同学。班主任向我招了招手，示意我过去。我带着些许胆怯，迈步走向他。

他看了看我们，又看了看表。“同学们，我昨天是规定的六点十分到教室吗？”“是。”“你们怎么迟到了？下不为例，这次放过你们，”他说，“回去吧。”

过了几分钟。他开口道：“同学们，我规定的时间可以迟到一分钟，但是不能迟到太多，六点十分很早吗？可能你们上小学的时候没起过这么早，但现在是初中。”他停了停，又说：“这样吧，我给你们讲个故事。”

“鲁迅先生在幼年时期也曾迟到，当他步入教室时，老师正在上课。目睹了这一幕，他内心充满了羞愧，并决心以后要提前到达。他在书桌上刻下一个‘早’字，以此提醒自己必须早到，避免再次迟到。这种精神激励他在后续的学习中更加勤奋，从而成就了那个广为人知的故事。”

听完这个故事，我陷入了沉思，并下定决心要培养自己守时的习惯。

次日清晨，我早早地醒来，并准时抵达教室。班主任依旧坐在那里，向我投来欣慰的一笑。

此后，尽管偶尔也会遇到意外情况，但我会尽最大努力确保在规定的时间内到达。

感谢班主任所讲的故事，它让我懂得了只有养成好习惯，才会有更好的人生。

好习惯让我受益

唐县六一小学　安伊诺

好习惯会让我们终身受益，使我们快乐无穷。

常言道："一粥一饭，当思来之不易；半丝半缕，恒念物力维艰。"我们应当珍惜每一粒米、每一碗粥，更应珍惜自己所穿的衣物，因为它们都是人们辛勤劳动的成果。

我也拥有珍惜食物、珍惜衣物的好习惯。

在早上吃饭时，我会珍惜粮食，践行"光盘"行动，即使面对自己不太喜欢的食物，也会尝试咽下。我深知，每一餐背后都凝聚着食堂工作人员的辛勤付出。他们清晨五点便开始忙碌，仅十几位工作人员便要为六千多人准备饭菜，他们的辛劳可想而知。因此，我怎能因为个人偏好而不吃完呢？

当袜子出现破洞时，我绝不会扔掉。相反，我会选择用针线仔细缝补。因为这双袜子凝聚了劳动人民的心血，每当我看到它，就不禁回想起袜子的制作过程，以及纺织工人们的辛勤劳作和设计师们对袜子图案的精心构思。为了这双袜子，许多人投入了大量的精力和心思，甚至因此疲惫不堪，我怎能不珍惜这样的成果呢？

正是基于这样的认识，我养成了珍惜粮食和爱惜衣物的良好习惯。

老师经常对我们说："良好的习惯对个人发展至关重要。一个好习惯能够决定成败，而你的成败又直接影响着你的未来。"的确，良好的习惯对一个人来说至关重要。一个好习惯能够带来终身的益处，而一个坏习惯则可能导致终身的遗憾。好习惯如同一位良师益友，是充满正能量的挚友；而坏习惯则如同一个破坏他人前程的海盗，对人有害无益。

一个好习惯，是自己前进的关键，一个好习惯，是成功的前提。努力吧，少年，努力去培养自身的好习惯。好习惯越多，人生越美好哟！

好习惯　好人生

唐县启明中学　田芳睿

一个微小的习惯，可以影响甚至改变人生。例如，每次考试后整理错题的习惯，能让我的成绩逐步提升，哪怕仅有一丝一毫的进步。然而，这些细小的积累，最终能够促成巨大的飞跃。

整理错题的习惯，是我小学五年级时新上任的数学老师教给我的。当时我的数学成绩非常不理想，在别人都能考优秀时，我却只能挣扎在及格线边缘。新上任的数学老师在第一次月考后将我请进了办公室。他先是一笑，随后给我分析卷子的丢分点。他说，一个习惯可以改变人的一生，我先告诉你一个习惯，可以使你的成绩进步，不会很大，但长久的积累可以使它形成一个大的跨越，这个习惯就是整理错题。他强调，整理错题并定期复习，能够帮助我掌握解题方法，因为尽管题目千变万化，解题思路却大同小异。掌握一种解题方法，我便能在试卷上多得十分到十五分。说完他笑了笑，继续说道，这个习惯也曾是我的老师教给我的，现在我将它教给你，你先按照我说的去做，如果下次考试你没有取得进步，你再来找我。

接下来的一个月，我按照老师教我的方法来学习。第二次月考成绩比之前提高了十多分，我兴高采烈地拿着试卷去找老师。老师微笑着告诉我，这种习惯不仅适用于学习，同样可以应用于生活，道理是相通的。我好奇地询问，在生活中如何整理错题。老师解释说，当你犯了一个错误并记住它，下次遇到类似情况时，你会想起那个错误，从而避免重蹈覆辙。这样，你的人生和生活都能变得更好。

我清晰地记得，有一次在学习做一道菜时遗漏了一个关键步骤，结果导致那道菜难以下咽。我默默地记下了这次失误，希望能够吸取教训，在下一次尝试时不再犯同样的错误。一年后，我再次挑战这道菜。我在心中默念着每一个步骤，生怕有任何遗漏。当妈妈拿起筷子品尝后，她赞不绝口地说："做得真不错！比上次好多了，真的非常棒。"我突然回过神来，意识到老师传授的知识确实有效。

好习惯，好人生。一个好习惯可以改变人的一生。

好习惯成就精彩人生

唐县启明中学　李　一

太阳的光普照大地，耀眼无比。然而，即便如此，幼小的树苗依然选择向着阳光生长。虽然我很渺小，但仍想成为升起的太阳，抑或是向上生长的树苗。正如魏书生老师所说："发光并非太阳的专利，你也可以发光。"是啊！我也可以。

要想发光，要想拥有精彩的人生，好习惯必不可少！

时间像位少年，从我身旁飞驰而过，带起一阵风，吹动了书页。风停画面现——这是我第一次上台讲题。

在数学课堂上，老师站在三尺讲台前，正专注地解答一道题目。粉笔在黑板上起舞，发出悦耳的响声，伴随着老师的讲解，宛如一场美妙的交响乐。我全神贯注地聆听，思绪随之飞扬。突然，老师的讲解声戛然而止，面带微笑，似乎想到了什么有趣的事情："同学们，我觉得一个人讲题太单调了，让我们请一位同学来继续讲解吧！"

话音落，我的脑子里只有一个想法：别叫我，千万不要叫到我。同时，我又想起前两天在书上看到的，这不正是魏书生老师所提倡的培养学生独立解题能力的教育理念吗？

我心中逃避的想法顿时消失，可内心仍在挣扎：到底要不要举手呢？如果讲错了呢？会不会被嘲笑？"只要有信心，人就永远不会失败。"魏书生老师的话在我的脑海里响起。是啊，有什么可畏惧的呢？

"有没有同学愿意尝试一下？"老师的声音再次响起。这一次，我毫不犹豫地举起了手。被老师邀请到讲台上，我的心跳加速。我模仿着老师的方式，一步步讲解解题过程……幸运的是，迎接我的并非嘲笑，而是阵阵掌声！从那时起，我学会了勇敢，养成了独立解题和讲解的好习惯。

时间像位姑娘，穿着长裙，翩翩起舞，舞台上的光晃了我的眼。再看，已是我八百米体测的时候了。

宽敞的操场，悠闲的太阳。我们首先进行了热身跑，随后集合准备开始比赛。“预备——跑!”随着口哨声响起，计时器的滴答声便被我们甩在了身后。进入第二圈时，太阳的光芒直射在我们身上，我感到很疲惫，腿脚开始有些发软。环顾四周，我注意到有些同学已经放慢了脚步，开始步行。内心的声音悄然响起：“体测并不是那么重要，它只是一件小事。”我的步伐也随之减慢。“无论何时开始，关键在于开始之后不要放弃。”魏书生老师的话再次在我耳边响起。我紧握拳头，加快步伐，向终点冲刺。当我冲过终点线的那一刻，我心中充满了巨大的喜悦。

体测只是一件小事，但从这件小事中，我学会了坚持，养成了魏书生老师所说的“大事做不来，小事赶快做”的好习惯。

好习惯伴随我们一生，益我们一生。好习惯将成就我们人生中的每一个精彩时刻，也将成就我们精彩的人生。同学们，让我们一起学习魏书生老师的“八个好习惯”“七个一分钟”，成就精彩人生！

好习惯造就惊艳人生

唐县启明高级中学　王铁坤

“少年不识愁滋味，爱上层楼”，是青春少年大无畏攀登的勇敢；“仰天大笑出门去，我辈岂是蓬蒿人”，是初生牛犊不怕虎的张狂。高中时代的我们，逐梦启明，心之所向，以只争朝夕的奋斗精神绘就高中生活的美丽画卷，以终身受益的好习惯造就惊艳的人生。

作为高中生，我们只有培养良好的学习生活习惯，才能有坦然面对高中艰苦生活的勇气，才能有与风搏浪斗的毅力，才能拥有属于自己的幸福人生。

我有每天清晨到学校“半亩方塘”小跑的习惯。跑步后，我心情舒畅。回到教室，我的学习效率也随之大幅提升，那些曾经难以攻克的难题，似乎也因这突如其来的灵感而迎刃而解。这感觉真是美妙极了！的确，恰当的休息是高效工作和学习的关键。当你遭遇挫折，当你面对难以突破的理化难题，当你反复背诵却记不住文章，或者当你因学习压力而感到烦躁时，不妨走出教室这个“狭小的空间”，到学校的“半亩方塘”去散散步，深呼吸一口新鲜空气，放松心情。那时，你定会有意想不到的收获。

好习惯的养成，其益处不言而喻。面对生活中的挫折和学习上的难题，我们应当培养一种乐观的处世态度，这是攀登人生顶峰的坚实基石。

养成好习惯，要从我们身边的点滴小事做起。例如，在公共场所保持安静，不随意丢弃垃圾；在用餐排队时利用时间背诵单词和公式；主动热情地与老师和同学们打招呼问好；按时就寝，确保充足的休息；自觉遵守学校的各项规章制度；坚持每日撰写日记；乐于助人等。让这些好习惯成为我们生活的一部分，自然地融入我们的日常，我们会拥有意想不到的收获。

人们常说："积一千，累一万，不如养个好习惯。"每逢假期，我们的班主任都会向我们传授各种安全知识。他严肃地提醒我们，生命是无价的，每个人只有一次生命，我们应当珍惜生命。因此，班主任要求我们在每次离校前背诵交通法规，并且在家中也要注意其他安全事项，如饮食安全、用电安全、用煤气安全等。这些良好的行为习惯一旦养成，便能塑造我们的性格，而性格又将影响我们的命运。

好习惯是我们成功路上的一块基石，没有它，我们的人生路会变得崎岖险阻。对于高考这个险阻，我们除了不放弃、全力以赴外，还要用正确的学习方法、学习习惯迎击它。我愿做一轮白昼的月亮，不求炫目的荣华，不惧世俗的浪潮，只为用好习惯打造惊艳的人生。

六一小学的“超能力”

唐县六一小学　唐梓萱

自从踏入六一小学的校门，我的不良习惯便逐渐被纠正。这是因为六一小学拥有强大的“超能力”。你们是不是想问六一小学的“超能力”到底有多厉害？今天，我就来给大家讲一讲。

来六一小学之前，我经常欺骗他人，偷拿他人东西。今天，我就来讲一讲我是如何改正这些不良行为并逐渐养成良好习惯的。

我的妈妈在把我送到六一小学前，就对老师说：“我们家孩子有一些坏毛病，希望老师能帮他改正。”老师答道：“好的！”

就这样，老师从一年级开始耐心地教导我，对我说：“我们要做到诚实守信，社会主义核心价值观不仅仅要背过，也要做到。我们要用实际行动把坏习惯慢慢地改掉。能做到吗?”我点点头，说道：“能做到。”老师又对我说：“如果你改正了一项，我就实现你一个小愿望，好吗?”“好！”我回答道。

我逐渐克服了第一个不良习惯——欺骗他人，老师帮助我实现了一个小小的愿望。随后，我逐渐改掉了偷拿他人东西的毛病。这一次，老师不仅实现了我的另一个小愿望，还额外奖励了我一根棒棒糖。

现在说一说我的好习惯是如何养成的。

我坚持早睡早起、上课时专注听讲、避免做小动作、不说脏话等良好习惯。这些都得益于老师的不断提醒。因为在一、二、三年级，我们始终处于老师的监督之下。我从老师亲身示范的每一个细节中学习，这帮助我养成了自律的好习惯。

这就是六一小学的“超能力”。听完我的讲解，你们想不想来六一小学参观一下、感受一下呢？六一小学给我带来了快乐，也让我明白只有自己把事做好，自律性强，才能有好的人生。

我爱六一！我喜欢六一！

好习惯　好人生

唐县启明高级中学　甄梦莎

子曰："温故而知新，可以为师矣。"重复地学习某种文化知识或者道理、习惯，就可以达到师的境界。基于此，我校专注于推进习惯养成教育，旨在实现促进学生全面发展的目标。良好的习惯是成就美好人生的基石。个人成绩的取得，必然与良好的学习和生活习惯紧密相关。在学校的两届好习惯养成经验交流会上，众多杰出人士齐聚一堂，向全体师生展示了习惯养成的重要性，并为个人未来学习和生活的全面发展提供了指导性的意见和理论支持。

好习惯将使我们拥有"千磨万击还坚劲，任尔东西南北风"的坚毅与自信。心如磐石，千年不移。自古以来，中国人常用磐石谱写千年难遇的奇美诗篇。于我们青年人来讲，在学习与生活中，也应有如磐石一般刚毅无悔的坚韧胸怀，勇敢地面对生活的挫折与考验。好习惯培育的是不断增强自信心的潜动力，是不断进取、积极向上的内驱力。

曾几何时，我立于操场之上，迷茫地盯着未知的远方；曾几何时，我伫立于教室中央，面对乌泱泱的人群，找不到前进的方向。是那一声声洪亮的高喊，是体育老师于寒风中的训导："不负天赐智慧，不负青春理想。"多么雄浑的口号，多么振奋人心的声浪！在启高，我们寻觅未来的方向，我们伴着"天赐的智慧"，坚信"我辈岂是蓬蒿人"！因为"长风破浪会有时"，所以终有一天，启高学子也将"直挂云帆济沧海"！

好习惯将使我们拥有悲天悯人的情怀。好习惯高峰论坛得以开展，本就是魏书生老师深刻而厚重的教育情怀和王董事长为国担当的企业家精神以及霍校长爱校爱生的奉献精神的交汇。如果没有这些筑基人，这场论坛又从何而起？古曰：穷则独善其身，达则兼济天下。正是王董事长的家国情怀、魏老师的教学使命，使我们取得如今的成就。“为天地立心，为生民立命，为往圣继绝学，为万世开太平。”自高一以来，这条读书至理是辛光辉老师常挂在嘴边的。高一，稚嫩的我初次认识到班长的担当；高三，成长的我积极响应祖国的号召，挑起民族的希望。

没有好习惯，安有好人生？如果没有高一时老师们和学校领导的高度重视，又怎会有如今整洁美丽的学习环境，又怎会有清雅隽秀的试卷、笔记；又怎会有安静耐心的学子。在好习惯养成的过程中，我们克服了不少困难，但正是这些“困难”，使我们昂扬向上、自立自强。

是启高使好习惯扎根于我的生命里；是好习惯，成就我们的人生。在习惯与成长交错促进之中，我见到了不惧风雨的启高学子，见到了披星戴月的启高教师。感谢启高，让好习惯与你我相伴一生！

我养成了一个好习惯

唐县六一小学　徐雪鹏

魏老师曾经说过："播种行为便收获习惯，播种习惯便收获性格，播种性格便收获命运。"好习惯，可使我们终身受益。说起我的习惯，仔细想想，真不少，有坏也有好，其中一个习惯的开始，仍然让我记忆犹新。

那是一个夏日炎炎的午后，我和小磊在院子里边吃西瓜边讨论漫画上的趣事。当我们遇到一个"踱"字的读音时，争执得面红耳赤，几乎要将多年的友谊消耗殆尽。晚上爸爸一回家，我便迫不及待地拿出那本书，轻声指着那个字问："爸爸，这个字是不是念'度'?"爸爸突然笑出声来，水差点从嘴里喷出，他笑着说："你这是秀才识字——读半边，书房里有字典，自己去查吧。"等待了许久，却得到这样一句回答，我感到非常失望。回到书房，我小心翼翼地捧起字典。这本字典自从买回来后，就像古董一样被我珍藏，一直未被翻阅，现在终于有了用武之地。尽管长时间未使用，但我记得如何查字典。我迅速翻找，终于发现这个字的正确读音是"duo"。我不禁自问，为何以前从未知晓？虽然有诸多原因，但归根结底还是因为我懒于查字典。

从此，我的字典便光荣上岗了。的确，它也帮了我不少忙。它帮我把课本上的生字一一攻克。当老师在课堂上提问并要求朗读课文时，我总是第一个举手，并能毫无差错地朗读完一篇新课文。每当此时，教室里便会响起一片赞叹和掌声。这让我深刻地感受到了字典的重要性。从此，我把它当成了朋友，到哪里都会带上它，还呼吁大家养成查字典的好习惯。

"好习惯使人终身受益"，这话不假。好习惯的养成不是一朝一夕的事，以我养成查阅字典的习惯为例，也是通过日常生活中的小事才逐渐意识到它的重要性。

虽然我开始得不算太晚，但对于曾经的疏忽仍感到遗憾。因此，我期望每个人能在错误发生之前就养成良好的习惯。

好习惯成就好人生

唐县启明高级中学　张倩莹

良好的习惯映射出一个人的内在修养，彰显其道德品质，并书写人生的辉煌篇章，从而成就一段精彩纷呈的人生。

作为高中生，我们应当养成在课堂上使用多种颜色的笔做笔记和课后复习的习惯。回想过去，我仅使用一种颜色的笔记笔记，虽然笔记内容满满，但整体上显得杂乱无章，缺乏重点。当时我并未意识到这一点。所以，每次老师提问时，我总是难以迅速定位到问题所在。

有一次，我无意中将姐姐不再使用的软头荧光笔带到了学校。起初，我并不清楚它的用途，因此一直未加利用。直到某次英语课后，英语老师在即将离开教室时，注意到了我桌上的软头荧光笔。她拿起一支紫色的，在我的草稿纸上轻轻画了几下，说道："这个颜色真漂亮，用来做笔记应该会很清晰。试试用紫色标记宾语从句，粉色记录定语从句，绿色突出重点单词。根据个人喜好使用这些笔来记笔记，颜色能够刺激大脑，有助于增强记忆。"从那以后，我便开始用不同颜色的荧光笔做笔记。正如老师所言，我的记忆力和背诵速度都有了显著的提升。

整理错题是学习过程中的一个好习惯。在记录错题之前，应当先在脑海中梳理思路，然后将这些思路条理清晰地整理到错题本中。通过这种方式，每解决一道错题，相关的知识点和解题方法便得到了双重巩固，从而加深记忆并增进理解。睡前回顾白天课堂上所学的知识是一种极为有效的复习策略。一旦养成这一习惯，你的学业成绩将逐渐提升。事实上，睡前和早晨起床时，人的记忆力相对较强，特别是睡前。通过睡前的回顾，再结合次日早晨自习时的复习，前一天所学的知识点便能够得到较为牢固的掌握。

像这样的好习惯，我还有很多，例如制订学习计划或者制定目标，大到高考、人生目标，小到每天、每节课的目标。

不仅在学习上，在生活中我们也应该养成良好的生活习惯。例如，每天锻炼，增强免疫力，强身健体；勤洗澡，注意个人卫生等。好习惯形成好品质，品质决定命运。这些好习惯有利于我们完善自我、提升自我。

少成若天性，习惯如自然。好习惯能体现人的内在修养，彰显人的道德品质。我们应养成好习惯，助力成就精彩人生！

好习惯益终生

唐县六一小学　臧婧若

“少成若天性，习惯如自然。”孔夫子告诉我们，年少时养成的习惯会变成天性，长大后会变得自然而然，也就很难改变。习惯，好则助我们平步青云，坏则使我们一败涂地。而好习惯的养成，需要经过漫长的积累，经过不断的打磨。学校在 10 月 18 日召开了培养良好习惯经验交流会，这让我更加明白了养成一个好习惯的重要性。

我特别爱读书，老师说爱读书也是一个好习惯。正如高尔基所言：“书籍是人类进步的阶梯。”一本好书，饱含许多道理。读书，自然就是汲取书里的知识和道理。书能带我们进入一个美丽的世界，遨游于知识的海洋。书就像一位无声的老师，教我们许多深刻的道理。有些轻松的语句使我们捧腹大笑，有些悲伤的段落使我们痛哭流涕，这就是书的魅力所在。

手捧书本已成为我的日常习惯。每一本书都能让我抛开所有忧愁，沉浸于知识的海洋。每当闲暇时刻，我便沉醉于书页之间，享受阅读的乐趣。《中国神话传说》让我了解了祖先们对世界的独特解读；《稻草人》则在我心中播下善良的种子，让我面对生活更加积极向上；《我们的历史》带我穿梭于中华民族五千年的长河，见证历史的沧桑巨变。

“读书好，好读书，读好书。”冰心奶奶的读书感悟也为我点亮了一盏“心灯”。好习惯成就好人生。热爱读书的好习惯会时刻伴随着我走好未来的路，引领我享受天高任鸟飞和海阔凭鱼跃的肆意畅快。

好习惯的力量

唐县六一小学　左皓轩

人们都说，拥有好习惯才有好人生。好习惯可以成就一个人，坏习惯可以毁掉一个人。我很庆幸，养成了一个坚持不懈的好习惯。

那件事始终像启明星般指引着我。“哟，你也太厉害了吧！能把字写得这么难看。”一个刺耳的声音不可阻挡地传入我的耳中。我定睛一看，原来是“挑事大王”又来了。那句话如同一把利剑，刺痛了我的心。从那一刻起，练好字的念头便如雨后春笋般萌芽。

冬日，早晨。天，刚泛出鱼肚白；地，白茫茫的刺眼。一切仿佛都在沉睡着。我紧紧地握着一支笔，努力模仿着字头，可写出来的字还如同鸡爪子刨出来的一样。但我并不气馁，只是静静地仿着，默默地写着。因为我知道，冰冻三尺非一日之寒，若没有恒心，怎么能练好字呢？不一会儿，我手上的汗液便染成了一朵浓墨重彩的梅花，那是我辛勤努力的见证。

“贵有恒，何必三更起五更眠。”想要练好字，必须有坚持不懈的精神，如果只靠写几页字帖，那何时能练好字呀？我暗自思忖着。“对，提笔即练字！”从此，每天上课，我认真地写着老师布置的作业。下课了，我时而紧紧盯着自己写的字，时而手指在空中比画着，仔细琢磨着哪笔写得好，哪笔写得不好。每当学校有书法课，我更是不会放过，眼睛瞪得溜圆，恨不得把耳朵都竖起来。梦想就在前方，只要不懈努力就能实现，一定要给“挑事大王”看看。

这一练，就是四年……

四年里，我始终坚持一笔一画写好字，任它风吹雨打，我仍然如故。这样的“艰苦奋斗”也让我明白：做任何事都不能半途而废，要做就把它做好，要干就把它干到底。功夫不负有心人，看着作业本上一行行隽秀有力的字，我不禁对“挑事大王”心存感激。写好中国字，做好中国人。在练字的道路上，我将继续前行。

“积千累万，不如养个好习惯。”“播种行为将收获习惯，播种习惯将收获命运。”我会用一颗恒心，会用坚持不懈的好习惯，去面对未知的将来，去寻找自己的光源、自己的坐标。

好习惯益终身

唐县六一小学　邸姝菲

巴金说："孩子的成功教育从好习惯培养开始。"老师说："一个坏习惯可以毁掉一个人，一个好习惯可以成就一个人。"妈妈说："学坏三天，学好三年。"习惯的力量是惊人的，好的习惯能载着你走向成功，坏习惯能把你拉向失败。

在班会课上，老师向我们强调了培养良好习惯的重要性，并向我们介绍了21天养成一个好习惯的理论。从那天起，老师与我们订立了一个约定：培养认真书写、不勾抹的习惯，看21天后，谁能成为真正的"赢家"。听到这个约定，我有些沮丧，因为改掉勾抹的坏习惯对我来说似乎是一项艰巨的任务。这个毛病已经跟随我很久了，怎么可能轻易改掉呢？妈妈也曾多次提醒我，我也真心想要改变，但一开始写字，我就又把决心抛之脑后了。现在看来，我似乎不会是那个"赢家"了。唉，老师为什么偏偏要培养这样一个习惯呢？

老师把六年级大哥哥、大姐姐的作业拿来让我们欣赏。天哪，他们的作业没有一处勾抹，页面干干净净，看着就舒服。接着，老师向我们传授了一些写作技巧。我便开始尝试按照老师的方法，静下心来，放慢速度，每写完一个词或一句话就仔细检查一遍。起初几天，我的写作速度慢得像蜗牛爬行，我不禁怀疑自己何时才能完成作业。正当我想要放弃之际，我想起了老师的话。不，我必须坚持，只有坚持才能培养出好习惯。到了第十四天，老师让我们回顾第一天的作业。与之相比，我的进步显而易见，我开始对自己充满信心。于是，我继续坚持，每次写作业都会提醒自己要认真，避免涂改。后来，我注意到我的作业，无论是数学、英语还是语文，几乎看不到任何涂改的痕迹。今天，已经是第二十二天了，我欣喜地看到了自己的进步，并且得到了老师的表扬。这个好习惯，我要继续保持下去。

播种行为便收获习惯，播种习惯便收获性格，播种性格便收获命运。好的习惯，可使你终身受益。同学们，让我们一起行动，一起奔向美好的明天吧。

争做新青年　创造好人生

唐县启明高级中学　陈佳怡

好的习惯往往伴随着我们的一生。“时间就像海绵里的水，挤一挤总是有的”，好习惯意味着珍惜时间、高效利用时间；古人云“流水不腐，户枢不蠹”，好习惯体现了生命不息、奋斗不止的精神；张桂梅曾说“即使暂时迷茫，也要努力发光”，好习惯就是在面对得与失的迷茫时保持从容淡定、心中有光，不断向美好生活迈进。

如今，我们已经迈入高中阶段，我养成了许许多多的好习惯。生活中的每一个细节都与自身的良好习惯和品格息息相关。一个良好的习惯能够使我们的生活变得更加丰富、充实和美好。

早睡早起不仅是一种健康的作息方式，更是我们青少年应当养成的好习惯。

节约粮食是我们中华民族的传统美德。进入高中，我们养成了节约粮食的好习惯，做到“吃多少，打多少”。当阿姨给你打饭时，要提前想好自己吃什么，做到少浪费、零浪费。

尊敬师长、孝敬父母是我们中华民族的传统美德。所谓尊敬师长，就是在遇见老师时主动问好；当老师需要帮助时，我们应毫不犹豫地伸出援手，尽己所能地帮助老师。孝敬父母则意味着要常怀感恩之心，尊敬他们，避免对他们发脾气，并且要经常与他们沟通交流。在学校，我们要关心父母的健康状况；在家中，我们应帮助父母做家务，承担一些自己能力范围内的事务。即使与父母意见不合，我们也应避免冲突，而应努力相互理解、相互体谅。尊敬师长和孝敬父母，这些不仅是我们生活中的良好习惯，更是我们青年人应当培养和践行的美德，它们将帮助我们创造一个更加美好的人生。

保护环境，文明做人。“绿水青山就是金山银山。”在校园中，随手捡起地上的垃圾，告诫同学不要乱丢乱放等行为，也是一个好习惯。

这些良好的习惯往往贯穿我们一生。生活中的每一个细节都在为我们的美好人生打下基础。我们要努力成为时代新人，塑造美好的人生。

好习惯　好人生

唐县启明中学　李嘉琪

“播下一个行动，收获一种习惯；播下一种习惯，收获一种命运。”我们要培养良好的习惯，因为好习惯成就好人生。

小学五年级时，我的成绩处于中上游水平，虽然不算特别优秀，但我上课时总是积极参与，这让我得到了老师的关注，并且老师还表扬我积极向上。然而，好景不长，老师发现我有一个不良习惯——自律性不强。

有一天我跑完操回来，老师告诉我去找他一趟。我内心忐忑不安：“难道最近犯了什么错误吗？老师是要批评我吗?”我心里好似揣着只兔子，咯噔咯噔地跳个不停……“报告!”我小心翼翼地喊道。“请进，来坐这里。”老师搬来一个凳子，示意我坐下。他语重心长地说：“我发现你最近有一个不好的习惯，有时下课会控制不住地去玩儿，作业根本没放在心上。你能力很不错，很有潜力，不过一定不要贪图玩耍而犯懒啊。”我点点头，不敢直视他的眼睛。“以后你一定要养成自律的好习惯，一个好的习惯决定好的人生，你是一个优秀的孩子，老师相信你能做得更好!”那一刻，我眼里泛出了泪水。我不知道为什么哭，或许是对老师所说的话的触动，或许是……

为了不辜负老师的殷切期望，我决心成为一个自律的人。每天清晨，我都会坚持做一段摘抄。当我不愿从温暖的被窝中爬起时，老师的话语就会在我耳边响起，激励我起床。从此，我无数次地见证了黎明前的黑暗，成为第一个点亮教室灯光的人。通过这样的坚持，我逐渐养成了良好的自律习惯。

感谢老师，感谢学校，为我们提供了优质的资源。正是诺亚的培养，孕育出了一批德艺双馨的优秀教师，他们帮助我们养成良好的行为习惯，使我们成长为更加优秀的人。

好习惯成就好人生

唐县六一小学　刘美涵

随着第二届好习惯经验交流会的成功闭幕，我们的校园生活发生了很大的变化，班主任在班级管理方面也做出了诸多调整，这些改变极大地促进了我们的学习进步。

如今，当学生犯错时，老师们不再简单地通过增加作业量或一味批评来应对，而是采纳了魏老师提倡的写说明书的方法。首次犯错时，学生需写一份约300字的说明书，详细阐述错误的起因、经过和结果。若再次犯错，说明书的字数要求增加至500字，要求学生不仅要详细描述起因、经过和结果，还要具体描绘涉及的语言、动作、神态和心理活动。第三次犯错时，说明书的字数要求进一步增至600字，并且要求使用优美的词汇和句式，确保文章结构完整，首尾呼应。对于班级中的优秀学生，一旦犯错，也需按照上述标准写600字的说明书。通过几次这样的练习，我们的不良习惯逐渐减少，作文水平也有了显著提升。老师现在经常表扬我们取得了进步呢！

我们班级还设置了优点卡，每堂班会课上，老师都会组织我们进行小组讨论，互相找彼此的优点。老师经常提醒我们："每个人都有自己的长处，我们应该相互学习，取长补短，这样才能不断进步。"通过这样的小组讨论，我们逐渐意识到每个人都有许多值得骄傲的优点。从此以后，我每天都充满自信。

通过这次活动，我们不仅养成了良好的生活、学习习惯，还增强了自信心。我相信在老师的带领下，我们会取得更大的进步。

好习惯　好人生

唐县启明中学　王贵祯

人生宛若一艘扬帆远航的船，激励着我们勇敢地乘风破浪。然而，人生的航程并非一帆风顺。只有培养并坚持自己的好习惯，不断将其完善，我们的生活才能绽放出美好。

我们想要有好的人生就必须养成好习惯。我们要想养成好习惯，让自己变得越来越好，就要给自己立下一个远大的目标。有了明确的目标，内心便会受到鼓舞，从而驱使我们朝着目标不断前进。

自从给自己立下一个目标，有了自己的好习惯，我产生了很大的变化。让我跟你们分享一下我的习惯。以前，每次放假回到家，我总想玩儿，但是我对自己设定目标之后，我一直坚持着：我会帮家长做家务，为他们做一些力所能及的事情，自己的事情自己做，作业及时完成，不要家长催促。

以前，我的成绩很差，总想："为什么我的成绩比不上别人呢?"在老师和家长的指导与鼓励下，我终于有所觉悟。我意识到，若想提升成绩，自律是关键，必须设定目标以激发内在动力。我该如何行动？怎样才能做得更好?我开始反思学习过程中的不足，面对难题时不再轻易放弃。以实际生活为例，如果你为自己设定了一个目标，却因为难度太大而选择放弃，那么成功将与你无缘。我曾听过这样一句歌词："阳光总在风雨后。"确实，培养良好习惯，成就辉煌人生，离不开勤奋与努力。它要求我们在课堂上全神贯注地听讲，遵从老师的指导，做好每一件事；它要求我们比别人投入更多的精力和时间，课后也要做好复习。勤奋意味着个人的刻苦努力，良好的习惯和成功的人生不是空谈，需要我们付诸实践。

在学校，老师经常强调自律的重要性，指出它对于培养良好习惯和塑造成功人生至关重要。我们深知，主动去做某事与被迫去做某事，两者背后的思考和动力截然不同。只要我们坚信自己能够进步，并决心不断自我完善，我们的人生必将充满精彩。自从我培养了这些好习惯，我变成了一个全新的自我。在思想和意识上，我能感受到坚持好习惯的不易，尽管时常想要放弃，但我从未真正放弃过。我一直在自我激励，并坚持至今。回顾过去的自己，我要感谢老师和父母对我的信任与教诲，是他们激发了我奋斗的意志。如果没有他们的耐心指导，就不会有今天的我。有了这些好习惯，我发现自己做起事来更加得心应手。自从设定了目标，无论是在学习还是生活中，我都表现得更加出色。

我想告诉大家：人生宛如一艘扬帆远航的船，只要我们不懈努力，它定能乘风破浪，勇往直前；人生亦如一朵花，只要我们培养良好的习惯并努力耕耘，它定能绽放出最耀眼的光彩；人生还似一棵茁壮成长的大树，只要我们坚守目标，它便能日益高耸入云；人生更像一只展翅飞翔的鸟，只要我们持续努力，它便能飞得更高更远。若我们将每件事情都做到极致，那么我们的人生必将是最为精彩的。

让我们养成好习惯，实现好人生吧！

好习惯成就好未来

唐县六一小学　孙浩旭

“性格决定命运，习惯决定未来。”的确，一个好的习惯将会是打开成功之门的金钥匙，会是走上成功大道的铺路石。

作为小学生，我们需要培养许多良好习惯，包括按时完成作业、上课专注听讲、规范书写、有效记忆以及勤于思考等。读书同样是一种很好的习惯。正如古语所言：“读书破万卷，下笔如有神。”这充分展示了阅读的益处。我们正经历着身心迅速成长的时期，培养良好的阅读习惯对我们的未来学习和生活将产生深远的影响。经验告诉我们，良好的阅读习惯将使我们终身受益。

过去，我尚未培养出认真阅读的习惯时，每当老师布置作文作业，我总是一回到家便陷入沉思，绞尽脑汁地想啊想，勉强完成的作文读起来总是感觉前言不搭后语。因此，我向老师寻求建议。老师建议我多读书，培养良好的阅读习惯。我半信半疑，于是让妈妈为我买了几本课外书。随着阅读的深入，我逐渐沉醉于书海的广阔，享受着文字间的旅行。为了能多读一会儿书，我抓紧时间完成作业，只为能挤出更多时间沉浸在书页之间。夜晚，我常常在被窝里偷偷看几眼。妈妈发现后，担心对我的视力不好，便将书收走，我只能带着满心的不情愿遗憾地入睡。清晨，我总是早早起床继续阅读，用“痴迷”来形容我的阅读热情再恰当不过了。随着阅读量的增加，我的词汇量日益丰富，表达能力也逐渐提升。我不再为写作文而发愁，作文水平也日渐提高。阅读还教会了我珍惜时间，让我领悟到许多人生的道理。这些，都是阅读这一良好习惯带给我的宝贵财富。

培根说：“习惯是一种顽强而巨大的力量，它可以主宰人的一生。”让我们从现在开始，培养良好的习惯，向成功不断迈进。

习惯主宰人生

唐县启明高级中学　门旭菲

培根说："习惯是人生的主宰。"我们应该好好利用习惯，成就精彩人生。

养成良好的习惯，终身受益。在学校，我们遵守校规；在国家，我们遵守国法；在家庭，我们有家规。这些规则的制定旨在培养良好的习惯，摒弃不良行为。良好的习惯并非一蹴而就，而是需要日复一日、持之以恒地实践。良好的习惯种类繁多，例如整理床铺、保持环境卫生、自觉清洗餐具……

在人生的旅途中，难免会遇到一些曲折和弯路。当我们回望那些曾经走过的曲折之路，便能体会到"梅花香自苦寒来"的道理。人生恰似攀登山峰，有些人可能因为道路崎岖而选择放弃，而另一些人则渴望欣赏山顶的美景，不惧艰难险阻，奋力向上攀登。我亦怀揣着同样的愿望，想要登上山巅，体验那份"会当凌绝顶，一览众山小"的壮志豪情。

在学习中，"数学"这座五指山压得我喘不过气。数学一直是令我头疼的学科，一道不会，道道不会。每当我看到数学成绩时，心情立马晴转阴，无数滴雨像针一样刺着我那颗无辜的心。后来，我深刻反思，意识到数学成绩差是无法回避的问题，我必须找到方法，攻克这个难关。

于是我开始攻数学这座大山。刚开始第一天，由于基础差，我就开始串最简单的知识点。打好基础后，我就开始刷题，不懂就向老师和同学请教。就这样，1 天、2 天、1 个月……我坚持下来了，我的努力终于得到了回报。虽然我的数学成绩提升幅度不是很大，但确实有所进步，这让我感到非常高兴。在接下来的日子里，我养成了每天记忆公式和刷题的习惯，对于不懂的问题总是及时询问，我的数学成绩因此有了显著的提升。

好习惯可以改变我们面对困难的心态，那些难记的公式、复杂的解题过程不再令我头疼，而是成为激励我努力前进的动力。

小林中多见寒鸦，山顶端可寻鸾凤，这说明只有勇于攀登才能更好地俯瞰大地；平原不出骏马，陡崖间方见骐骥，这说明只有勇踏荆棘才能奔向更好的未来。

习惯犹如一把点燃的火炬，照亮那黑暗的路；习惯犹如柔和的阳光，温暖了心坎；习惯犹如优美的乐曲，萦绕于耳畔。习惯是人生的主宰。刀在石上磨，人在世上练。有了好习惯，就没有跨不过的河，没有越不过的山。让好习惯成就我们的精彩人生。

好习惯 好人生

唐县启明中学 贾思涵

好习惯是我们终生的财富，一个坏习惯的养成轻而易举，一个好习惯的养成却需要很长时间。

我曾经是一个爱丢三落四、马马虎虎的学生。记得从上小学一年级开始，每天都是妈妈帮我收拾书包及所需物品，她总认为我还小，没有自理能力。不久，过度依赖的我遇到了麻烦。有一天，放学回家准备做作业时，我惊恐地发现没有带语文书，作业该如何完成呢？我急得像热锅上的蚂蚁，把书包翻了个遍，却怎么也找不到语文书。最终，妈妈被我缠得没办法，只好去同学家借书。因为同学也要写作业，只能等人家写完。那天，我的作业写到很晚。第二天，当我走进教室，一眼就看到语文书安静地躺在桌子上。还有一次，老师布置了一页多的数学作业，但我做完一面就以为完成了。第二天作业发下来时，我震惊地发现作业本空白处老师写了一个醒目的“补”字，并附言：“马虎是自己最大的敌人，希望你能改掉这个坏习惯，大步向前!”这番话给我留下了深刻的印象。虽然我开始尝试慢慢改变，但还是不止一次地犯下同样的错误。为此，我遭受了不少挫折。直到有一天，班主任找我谈心。我清楚地记得，她面带微笑，轻抚我的头，温柔地说：“其实你是个不错的学生，有很多优点，但你对自己不够严格。你还年轻，如果不改掉马虎的毛病，会给你的工作、学习和生活带来更多的困扰，甚至可能造成无法挽回的错误和失败。想象一下，一位即将奔赴前线的战士，若因疏忽大意而忘记携带足够的弹药，最终可能倒在敌人的枪林弹雨之中；又如发射基地在发射火箭时，若某位工人未正确安装一个零件导致整个发射任务失败，这将给国家带来多么巨大的损失！与此相反，许多成功人士，例如物理学家爱因斯坦、地质学家魏格纳，他们在童年时期就培养了细心和严谨的良好习惯，并在科学的道路上取得了辉煌成就。”老师的话语深深触动了我，我暗自发誓要坚决改掉这个坏习惯，绝不能让它成为我前进的障碍。我向妈妈大声宣告，从今往后，我要独立完成自己的事情，亲自检查作业、整理书包，并铭记自己犯下的错误，提醒自己绝不能马虎。久而久之，昔日的小马虎不见了，我的成绩也取得了很大进步，老师和妈妈赞许的目光让我如沐春风。正如爱迪生所言，习惯可以是最佳的仆人，也可以是最糟糕的主人。由此可见，习惯对一个人的一生影响深远。

性格决定命运，那么性格是由什么决定的呢？习惯！俗话说：“习惯成自然。”好习惯造就好人生，坏习惯毁掉人的一生。习惯左右着人的思想和行为，决定人的选择和命运。好习惯促使人进步，可以让人插上翅膀，飞向天空；坏习惯则贻害终生，让人戴上锁链，坠入地狱。

播种思想，收获行动；播种行动，收获习惯；播种习惯，收获性格；播种性格，收获命运。我们正值青春年华，青春要有激情，就像油灯不能没有灯芯一样；青春需要挑战，就像勇士不能没有锋利的钢刀一样；青春需要坚强与自信，就像大海不能没有浪花一样。但青春更需要用自己的好习惯去维持它的魅力，保持它的坚毅。

同学们，拿出我们的自信，拿出我们的力量，去用力量摆脱坏习惯，让好习惯成就我们的美好未来吧！

好习惯成就美好生活

保定市启明职业高级中学　邱鑫博

良好的生活习惯犹如一把锋利的剑，能够助你斩断前行道路上的荆棘。虽然它未必能让你立刻脱颖而出，但它确实能让你变得更加优秀。相反，不良的习惯则可能让你坠入深渊。

坎普滕的托马斯认为，一个人如果每年根除一个坏习惯，那么他用不了多久就会变成一个十全十美的人。我深有同感，因为我亲身经历过这样的转变。记得刚踏入校园时，我有一个根深蒂固的坏习惯——“懒”。早晨朗读时，我总是懒得大声朗读；考试时，我常常在四五十分钟内草草完成试卷，却不愿花时间检查；晨练时，我总是找借口请假或装病。然而，后来发生的一件事彻底改变了我。那是一位残疾人，他的左腿严重瘫痪，每天不得不依靠拐杖行走，但他总是面带微笑地与路人打招呼。我曾好奇地问他，他告诉我：“过去，我的脾气确实很糟糕，遇到人就会发火，说着说着就忍不住生气，结果身边的朋友越来越少。后来我意识到，与其对别人发脾气，不如微笑着向他们问好。”听完他的话，我内心默默地做了一个决定。

自此，我开始坚持跑早操，甚至有时要给自己多加几圈。即便感到力不从心，我也会在休息之后重新振作，继续坚持完成每日的晨练。每次考试，我都会一丝不苟地解答每一道题目，完成后还会仔细复查，直到收卷铃声响起，我才交上试卷。起初，我确实有过放弃的念头，但转念一想，我已经坚持了这么久，怎能轻言放弃？于是，我一天天坚持下来了。起初的疲惫感逐渐消退，我完全适应了这种生活。现在的我，已经发生了变化：学习成绩稳步提升，性格也变得更加平和。当同学们问我成绩为何提高时，我回答只需培养良好的习惯。

一个习惯可以成就一个人的一生，也可以毁掉一个人的一生。因此，我们每个人都要意识到养成好习惯确实很重要。

凡事皆有目标

唐县启明高级中学　王续燃

《吕氏春秋》有言："流水不腐，户枢不蠹。"这八字说明流水与门轴在不断运动中保持自身活力。始终有方向的水流、精准转动的门轴，都启示我们应树立明确的目标并坚持不懈地行动。

没有目标地前进，如同在黑暗中摸索，一路跌跌撞撞，甚至南辕北辙，终难抵达心之所向。

我在高中养成了凡事皆有目标的良好习惯。

在升入高中之前，我曾在一所公立中学就读，那里的管理相较于高中来说，显得颇为宽松。当时的我似乎每天都在迷茫中度过，缺乏明确的追求。每天早晨踏入校门，见到同学们在读书，我便随波逐流地加入早读；自习课上，看到同学们拿出物理和数学习题，我也毫无目的地跟风。就这样日复一日，年复一年，没有明确的目标，也没有前进的动力，我仿佛一条"咸鱼"般地度过了三年。

刚读高中时，我还没有理解目标的含义，只以为是一句空洞的口号，只顾一味地"内卷"，却没有对自己的学习生活进行反思，更遑论对学习的明确目标和规划。后来，在一次班会上，班主任说："学习方法有成千上万种，你们若只是看到别的同学做什么便紧跟着，只是追赶进度，终究是镜中花、水中月，难以进步。要有自己清晰的目标，不随波逐流，方可成就自己。"

我曾在网络上观看了两个令人印象深刻的视频。第一个视频讲述了一位医专毕业生何世豪的故事。面对室友沉迷于吃喝玩乐、忽视学业的环境，他坚持自己的目标，选择在孤独中努力学习。他的坚持让他能够"出淤泥而不染”，最终不仅专升本成功，还获得了前往斯坦福大学留学的机会。第二个视频则展示了“卫星之父”孙家栋的传奇人生。作为老一辈的航天工作者，孙家栋在为国献身、为科学献身初心的支撑下走过风雨，耄耋之年仍壮心不已，只为“向漫天苍穹寄深情，翱翔天际见证虹霞”这一伟大目标。

他们两个人以亲身经历告诉我们，拥有明确目标并为之不懈努力，才能走得更远，人生才会有更多可能。

吾辈青年，应从流水中习得奋斗之志，也应从户枢运转中明确目标；吾辈青年，应凡事皆有目标，凡事皆有把握，不惧风浪侵袭，搏击长空；吾辈青年，应不怕黑夜暗淡，熠熠生辉。

心有鸿鹄志，胸怀浩然气。让我们以梦为马，以良好习惯为航行的灯塔，照亮人生的方向。中华少年郎，晔晔如扶桑，我们要时刻明确目标、明确方向、砥砺前行，助力好人生，助力中华民族伟大复兴。

培养良好习惯的心得

唐县启明中学　马莹琦

好习惯的种类繁多，涉及学习、生活乃至道德品行等方方面面。正是这些多样化的好习惯，引导我们迈向成功之路。

现代教育家魏书生先生，作为我们良好习惯的塑造者和向导，提倡培养良好的习惯，使每个人都能拥有良好的习惯。他所强调的习惯种类繁多，每一种都与我们的生活息息相关。唯有养成良好的习惯，我们才能持续进步，不断向前发展。

英语单词要背过，语文知识须背过，随着年级的提升和学科的增多，需要记忆的内容愈发繁多。人们常说，记忆量大，遗忘也快，许多知识在背诵后不久便会忘记。为了确保记忆的持久和牢固，培养记忆习惯是不可或缺的。在学习过程中，找到适合自己的记忆方法，学习并借鉴他人的技巧，是提高记忆效率的关键。最为关键的是定期复习已学知识，确保对知识点的掌握，这样才能记忆深刻、准确无误。提及记忆习惯，自然会想到其他习惯，尤其是阅读习惯与学习习惯，它们是相辅相成的。

阅读意味着多看书。只有当你阅读得足够多、接触得足够广时，知识才能自然而然地被记住。当然，阅读也讲究方法。在阅读的过程中，不仅仅是用眼睛看、用嘴巴读，更重要的是要让大脑参与思考，记住并吸收那些知识。

阅读和记忆都与写作紧密相连。常言道“好记性不如烂笔头”，在阅读时随手写下要点，有助于巩固知识点；同时，写日记也是记录生活的一种方式。日记反映了一个人的生活状态，是个人情感的真实流露。通过将每日或每周的所见所闻、所思所感记录在日记中，不仅可以保存生活的点滴，还能持续提升写作技巧，锻炼语言表达能力。

在学校里，完成老师布置的作业虽然必不可少，但往往不足以让我们充分掌握所有知识。因此，培养自主学习的习惯至关重要，包括自行设计作业和模拟试题，以适应个人的学习需求。

通过自我出题进行练习，我们不仅能更有效地巩固所学知识，还能更深入地掌握这些知识。

所有这些优秀的习惯，都源于持之以恒的努力。正如有人所言，一天的改变或许不明显，一周的改变也许难以察觉，但若能坚持一个月，养成一个好习惯，你将会发现自己的蜕变。习惯的养成不仅仅是口头上的承诺或心中的想法，它需要付诸行动。只有通过实干，才能取得成功。这需要我们具备敢于挑战的勇气和坚持不懈的精神。

习惯极为重要，养成良好习惯极为有益。习惯决定未来，习惯成就一生，让我们用良好习惯乘风破浪，驶向人生的目标吧！

人生因习惯而出彩

唐县启明高级中学　高泽洋

时间碾碎万物，一切都因时间的流逝而改变或被遗忘，但有一件东西却是一个例外——习惯。习惯是一个人对生活的总结，因为有了好习惯，我们的人生才会大放异彩。

人生因习惯而闪耀，正如苏炳添始终维持着良好的饮食与生活习惯，为他的职业生涯带来便利，从而在东京奥运会创造了中国田径的历史；正如小米公司的创始人雷军，始终保持着高效行动和高度自律的习惯，最终成为一位“商业巨擘”；正如日本人村上春树坚持早睡早起，坚持跑步——这些习惯日复一日，年复一年，才有了他从《且听风吟》起步，到《挪威的森林》震撼世界，最终荣获“安徒生文学奖”。这三位杰出人物的人生，都因习惯而熠熠生辉。

古人有言：“古之立大事者，不惟有超世之才，亦必有坚忍不拔之志。”在我的生活中，这句话得到了生动的体现。我的同学小壮，初始英语成绩仅十几分，但他后来坚持不懈地投入大量时间学习英语，风雨无阻，从不缺席。到了学期末，他的英语成绩已跃升至六十多分。正是这种持之以恒的努力，使得他的英语水平得到了显著的提升。

正如古语所言：“千里之堤，溃于蚁穴。”“不积跬步，无以至千里；不积小流，无以成江海。”优异成绩的取得，除了持续的学习，更离不开“积累”的力量。作文曾是我最大的弱点，它让我屡次感到挫败，也因它我失去了无数个宁静夜晚的美梦。终于，我决定不再忍受，开始寻找解决之道。我开始阅读高考满分作文集，摘抄那些文笔优美的句子、段落，甚至那些特别打动我的文章。这些美丽的文字，逐渐成为我心中的“救星”，它们在我的脑海中生根发芽，为我将来“一雪前耻”做好了准备。努力终将得到回报，经过长时间的积累，我终于能够在作文中挥洒自如了。作文不再是我的恐惧之源，反而变成了我热爱的表达方式，每次写作都让我感到无比愉悦。

我们常说“习惯成自然”，这表明一旦某种行为模式成为习惯，它便成为我们终身受益的财富。我个人的良好习惯很大程度上归功于启明高中的管理制度。自高一入学起，学校便致力于培养学生在各个方面的良好习惯，这种培养是全面且持续的。无论是遇见领导、老师还是访客，我们都会主动打招呼问好；文明礼貌用语如“对不起”“不好意思”“谢谢”等总是挂在嘴边；早睡早起、用餐时不交谈、就寝时不说话等，都已融入我们的日常生活；在学习上，不经思考不提问、不动笔墨不读书，也成了我们的日常规范……在这些好习惯的熏陶下，我褪去了孩童的幼稚，蜕变成成熟、有责任心的高中生，何其幸哉！

阿多尼斯说过：“我向星辰下令，我停泊瞩望，我让自己登基做风的君王。”我们可以一鸣惊人，亦可一落千丈。我们要以好习惯为船，向成功的彼岸进发，绝不浪费一生中最美好的时光，让我们的人生因习惯而出彩！

好习惯让我受益良多

唐县六一小学　马硕阳

老师常常教导我们，养成良好的习惯要从身边的一点一滴做起。但是，我根本就没有听进去，还是像以往那样忘东忘西、丢三落四。直到这个坏毛病给我带来了麻烦时，我才知道老师说的是对的。

记得那是一个周末，我放学回到家里，就打算去写作业。我打开书包，想找作业记录本看看有什么作业。可是我找来找去就是找不到，心想：不会落在学校了吧？于是，我努力地回想语数英三科的作业，但是心里总有一种感觉，好像缺了什么似的。我管不了那么多了，还是先把想起来的作业做了吧。

开学那天，我一来到学校，就赶紧去教室里看作业记录本，对照一下我的作业有没有写错。看完一遍后，我发现语文少了一篇作文。我在心里暗暗责怪自己没有养成好习惯。可现在已没时间写了呀，怎么办呢？明天交不上作业，老师又要批评我了。我急得像热锅上的蚂蚁。下了晚自习，我只好借着楼道微弱的灯光，趴在宿舍的床上写作文。这事说起来简单，做起来是真难。那个写字姿势呀，真难受，压得我肚子都疼了，甚至气都喘不上来。我在心里默默抱怨道：要是我养成了好习惯，不丢三落四，也不至于受这番折磨。不知过了多久，作文终于写完了，我才松了一口气。

经过了那件事情之后，我改掉了坏毛病，逐渐养成了好习惯。魏书生老师的报告也告诉我们只有养成好习惯，才能做好每一件事情。我坚信好习惯一定会让我受益良多！

好习惯成就好人生

唐县六一小学　史家伊

第二届良好习惯交流会胜利闭幕后，老师的教育方法发生了很大的变化。

同学们犯错时，老师不再像之前那样罚我们抄作业了，而是要我们在第一次犯错时写 500 字的检讨，说明自己为什么犯错，下次要怎么做。此外，老师在讲课过程中融入了诸多趣味活动和游戏，这不仅让我们在学习过程中感受到了快乐，也逐渐培养了我们对学习的热爱。因此，我们的学习效率也得到了显著的提升。

此外，老师还精心设计了一份小组积分表。每当一个大周期结束，我们便有机会参与抽奖，并获得一份小奖品。这一做法不仅激励我们踊跃发言，还进一步培养了我们对学习的热爱，使我们对每一堂课都充满了期待。

老师经常提醒我们，在日常生活中培养良好的习惯至关重要，并为此专门组织了一次以“良好习惯”为主题的班会。这次班会之后，同学们在食堂打饭时会自觉排队，行走时注意姿态，回到宿舍后也会及时洗脚和清洗袜子。此外，见到老师时，同学们会主动打招呼。为了帮助同学们发现并肯定自己的优点，老师还举办了以“自我表扬”为主题的班会。这不仅让同学们意识到了自己的长处，也显著增强了我们的自信心。

经过这次好习惯交流会，我们的校园生活更加丰富多彩了。

读书的好习惯是成功的基石

唐县启明高级中学　封怡娜

倘若把人生看作一座山峰，那么好习惯就是其中的一块块基石，它使我们的攀登之路更加稳固。虽然我们可能无法达到珠穆朗玛峰那样的高度，但在风雨中依然能够收获成功与幸福。

记得人生中的第一本课外书是《红楼梦》。当时在我的数学卷子上频繁出现的题目中多次提到了《红楼梦》，当时我的小脑袋中充满了好奇："小明为什么买了两本《红楼梦》，小刚为什么也买了《红楼梦》，《红楼梦》讲了什么内容啊，为什么大家都买它?"类似的问题在我心中萦绕。后来偶然买了这本书，可我开始读后就发现了问题，我怎么也读不懂。拼音标注我会读，但复杂的句子让我难以理解。那本书虽然被我丢在了角落，但读书的意识在我的心中开始萌芽。

后来，我踏入了六一小学，学校每学期都会为我们订阅一些课外读物。正是在这个时期，我首次阅读了《查理九世》。书中查理小队一次又一次地遭遇险境，尽管前方看似无路可走，但每次经过小队的反复推敲，总能在隐蔽处发现一条小径，帮助他们摆脱险境。这正如同我的学习之路，有时似乎停滞不前，仿佛陷入了难以自拔的漩涡。在这样的时刻，我们应该反复审视，究竟是什么环节出现了问题。就像班主任所说的："我们应不断反省自己，不断纠正自己的行为。"前方的道路并不总平坦，向上的路总是艰难的，查理小队面对生死考验依旧能笑着面对，我们又有什么理由不乐观呢?

进入高中后，班主任积极推广阅读，正是在他的影响下，我阅读了《月亮与六便士》。书中主人公斯特里克兰，一个事业有成的英国人，却毅然决然地放弃了高薪工作和幸福的家庭，悄然前往太平洋岛屿，全身心投入绘画学习。为何如此？他仅仅是为了追求自己热爱的绘画事业。在异国他乡，他生活困苦，处境艰难，但他从未后悔。尽管许多人对他的选择表示怀疑，但我却看到了一个勇敢追求所爱的孤勇者。他仿佛释放了心中的理想。毛姆的文笔也深深吸引了我，从《面纱》《刀锋》到《一片树叶的颤动》，他笔下的小人物栩栩如生，毛姆深入探究了他们的思想、精神和品格……这让我见识到了人性的复杂。即便我未能领悟到毛姆先生所传达的万分之一，但这些阅读经历在我的成长道路上留下了深刻的印记。

回望我的读书历程，看似什么都没留下，但这就像昨天吃的饭一样，看似什么都没有留下，但塑造了今日的我。倘若非要说留下了什么，那么就是“静”的心态。

毛姆先生把书比作一座随身携带的避难所，可见读书非常重要。培养阅读的习惯，虽然可能短期内看不到显著成效，但随着时间的积累，它终将使我们的“精神海拔”持续提升。

好习惯　新征程

唐县启明高级中学　黄天华

习惯，简单来说就是人们在社会生活中形成的一种不易改变的行为倾向。正如孔子所说：“少成若天性，习惯如自然。”习惯有好坏之分，坏习惯是成功路上的绊脚石，而培养好习惯，则能为我们开启新的征程。

身为新时代的青年，作为新一届的高中生，我们怀有朝气，昂扬向上。军训，是踏入高中的第一课。军训磨炼了我的意志，让我从初中的散漫变得沉稳，也让我养成了许多好的习惯。军训第一天，每个同学都苦不堪言，豆大的汗珠在脸颊上流淌，但每个人都坚持了下来。军训教会了我坚持，在学习中，我将“坚持”作为一种习惯，让它助力我向前。在军训中，整理内务是最基础的任务。我们从最初的“豆腐脑”状态，经过无数次的练习，逐渐达到了“豆腐块”的标准。这种严格的内务习惯不仅帮助我们更好地适应高中生活，而且使我们一步步接近成功，迈向光明的未来。

我有一位很好的朋友，她对阅读的热爱使我们亲切地称她为“书迷姐”。她偏爱的读物主要是散文和人物传记。每天下午一两点，我总能看到她坐在书桌前，手里拿着一本书，时而面露微笑，时而陷入沉思。这种阅读的习惯从她的小学时代一直延续到初中。即便到了高中，学业压力巨大，她依然会挤出时间来阅读。正是这个习惯，让她在语文科目上表现得尤为出色，特别是她的作文，每次老师都会将其作为范文在班上朗读，并让同学们传阅。不可否认，她的这一良好习惯在很大程度上促进了她的学业成就。

每一个好的习惯都帮助我们成长，让我们变得更好；每一个好的习惯都成就了我们的当下，让我们更加坚强。好习惯是孔子不耻下问的优良作风，是毛泽东对《红楼梦》的酷爱，如今亦是我们取得成功的基石。良好的习惯有益于我们的学习和生活。习惯不是一朝一夕可以培养或改变的，它需要坚韧不拔的毅力。

王尔德曾说：“起初是我们造就习惯，后来是习惯造就我们。”我们在拥有好习惯后，将会开启新征程的大门。有一个好习惯，能让我们乘长风破万里浪，直挂云帆济沧海！

好方法变成好习惯

唐县六一小学　宗梦婷

在我们的生活中，习惯无处不在。好的习惯可以让我们更加健康、快乐地成长，也能帮助我们取得更好的成绩。所以，养成好习惯对于我们来说非常重要。六一小学的老师们为了让我们养成好习惯，想了很多好方法。

我的同桌名叫小豪，他原先的字迹十分潦草，笔画常常不到位，频繁出现连笔，因此经常受到老师的批评。但最近，我发现他的字大有改善，就问他原因。他说："有一天规范书写的时候，我特别仔细地听了学校的广播，它要求我们写字时要做到'三个一'。"我急忙抢先道："这我知道啊，胸口离桌边一拳，眼睛离书本一尺，手指离笔尖一寸嘛，我们不是天天都听得到吗？这里面莫非有什么秘诀？"只见他神秘一笑，说："只凭这'三个一'还不够，还要再加上两个字，那就是'坚持'！"我恍然大悟，原来，好方法就在我们身边，只要我们尽力把它变成好习惯，那我们的学习生活一定会有大变化。

我最好的朋友叫小熙。小熙是一名非常勤奋的学生，她每天都会认真听讲，按时完成作业，还会主动阅读课外书籍，而且每次考试都能取得优异的成绩。我问她为什么学习成绩这么好，她告诉我说："我每天都会坚持做好这些事情，这已经成为我的习惯。"

总之，好习惯对于我们的成长和发展非常重要。作为小学生，我们应该听从老师的教导，善于利用身边的好方法，逐渐把它变成好习惯，让它们成为我们成功的垫脚石。相信只要我们坚持不懈，就一定能变得更优秀。

好习惯成就美好未来

唐县六一小学　邵亚欣

英国著名哲学家培根说："习惯是一种顽强而巨大的力量，它可以主宰人生。"有时，坏习惯可以贬损最辉煌、最杰出的天才，好习惯却能引导平凡之人走向成功，成就美好人生。因此，培养良好的习惯对每一位同学来说都至关重要。

自入学以来，我在生活和学习的各个方面都制定了严格的标准，始终以严谨的态度要求自己，虚心接受老师的指导和帮助，并努力寻找适合自己的学习方式。在课堂上，我遵守纪律，专注听讲，紧跟老师的思路；课后，我认真完成作业，并能有效地完成老师布置的各项任务。此外，我还不断充实自己的课外知识，利用课余时间读书、练习书法和绘画。

在日常生活中，我勤俭节约，不浪费。我出生于农村，深刻理解"粒粒皆辛苦"的道理。在家中，我尊敬并孝顺长辈，勤劳且懂事。尽管我是父母的宝贝，但我从不放纵自己，经常帮助父母做家务和农活儿，以减轻他们的压力。我也能够理解并安慰他们，从不让他们为我担忧，成了父母的得力助手。因此，只要我在家，家中总是洋溢着欢乐和笑声。

好习惯一旦养成，不仅能改变人的气质，还能成为个人前进路上的助推器。习惯了诚信，人与人之间就会更加真诚，社会就会更加和谐；习惯了微笑，人与人之间就会多一份善意，生活会更加幸福。

我坚信，好习惯成就美好未来！

人闲车马慢　路遥星亦辞

唐县启明高级中学　安梦佳

好的习惯，能够成就一种生机勃勃、百折不挠的人生。在我们的人生道路上，每个人都应该养成一种好的习惯，成就自己的精彩人生。

提及“好习惯”这几个字，我的脑海中便勾勒出一幅难以忘怀的画面。

那是一个冬天，老师告诉我们中考要考体育，让我们努力练习。然而，我生性懒散，对运动毫无兴趣，尤其厌恶体育课。每当老师要求练习跑步，我总是设法找借口逃避，所以我跑步的次数少之又少，这就导致我每次月考体育只能拿到 3 分。

曾经有一次，我的腿不幸拉伤，那时我竟有些窃喜，心想：“这下有了充足的理由不用跑步了。”向老师请了假之后，我便有了一段长时间的休息期，没有参与跑步。实际上，我的腿伤很快就痊愈了，但我仍旧没有恢复训练。直到某一天的体育课上，老师将我唤至办公室，并将我们跑操的出勤率表格摊在桌上，询问我为何缺席。记得那天，老师与我进行了长达一节课的深入交谈。在谈话中，我甚至流下了几滴眼泪。

自从那次谈话后，我就再也没有间断过。因为老师告诉我一定要坚持跑步，不能半途而废，也不能偷懒。之后的一次考试，他在旁边为我加油打气。那次，我拿到了 6 分。

冬天的记忆，在天空凝结成浓浓的雾，在原野积成厚厚的雪，在湖面结成薄薄的冰，在树枝化成素素的凇，在窗玻璃上开成淡淡的花，在我心中书写着精彩的人生。

好习惯成就好人生

唐县六一小学　贾金柠

著名的教育家叶圣陶先生说过："积千累万，不如养个好习惯。"那么，什么是教育？简单一句话，就是要养成好习惯。学生在学校不仅要学好科学文化知识，还要进行能力培养，养成良好的习惯，这才是以人为本的素质教育思想的真谛所在。

好习惯在于主动打扫卫生，形成热爱劳动的习惯；在于经常说"你好、谢谢、对不起、再见"等文明用语；在于"每天坚持锻炼"，保持健康的身体；还在于"看见垃圾要捡起"等能给他人和社会带来正能量的良好行为。在校园里遇到老师时，说声"老师好"是起码的尊重；在肆意奔跑撞到人时，说声"对不起"是一种真诚；当他人在困难时刻伸出援手帮助了我们时，真诚地说声"谢谢"是一种美德。

节俭是一种美德，也是一种好习惯。记得小时候，我花钱大手大脚，不懂得节俭。后来，通过阅读许多关于贫困家庭的故事，我深受触动：他们连基本的温饱都难以保障，而我们却拥有相对富足的生活。这促使我下定决心，要将节省下来的钱捐给那些真正需要帮助的人。于是，我开始每天节约一点，一年下来，我积攒了相当一笔款项，并将其全部捐赠给了贫困学生。

爱看书也是一种好习惯。在阅读过程中，我常常会积累一些精彩的词汇，例如如痴如醉、数不胜数、依依不舍……这些词汇在写作文时便派上了用场。我的作文得到了老师的赞赏，纸上满是圈圈点点，最终被选为范文展示在墙上，这让我感到无比的快乐！

不挑食也是一种好习惯。我以前什么水果也不吃，导致身体缺乏维生素。

在妈妈的劝说下，我开始尝试吃一些自己不喜欢吃的蔬菜。我发现其实那些蔬菜也没有那么难吃。现在的我健康极了！

好习惯伴人一生，有了好习惯才能有健康的身体、文明的礼仪。

良好习惯　多彩人生

唐县六一小学　安梦涵

培养良好的习惯，是一个人成功的标志，是每个人都应持有的宝贝。它就像一盏明灯，为我们照亮前方的道路；它就像一位益友，帮助我们成长；它就像一个指南针，为我们指引正确的方向。

三年级时，我最不喜欢做的事就是看书。每次看书，我总是只看图画，不看文字。看着上面密密麻麻的字，我一阵头晕，认为看书太无聊了。班主任让我一天读一句话，我勉强答应。就这样，渐渐地，我被书里的故事吸引了，一个个鲜明的人物形象跃然纸上。从此，看书已经不再是我讨厌的事了。相反，我由被动变为主动，一段话、一页纸、一篇故事……都被我“消化”了，我爱上了看书。它让我增长了见识，丰富了知识。现在的我，每天必须看一会儿书，否则难以入眠。我已经把它当作了一个良好习惯，看成一种心情上的放松，它可以让学习了一天的我适当休息。

“今日事，今日毕。”我们不仅需要广泛阅读，更应培养不拖拉的良好习惯。记得在某个学期，我变得异常拖沓，总是等到玩儿完后才开始做作业，也不再按时复习当天所学的内容，这导致我的学习成绩下滑。那时，我感觉语文、数学和英语三科的学习负担过于沉重，尤其是刚开始学习英语时，感到相当不适应，英语单词也难以记住。家人们对此非常担心，毕竟我才刚刚开始接触这门学科。最终，在老师的悉心指导和家人的严格监督下，我逐渐纠正了这种态度。随后的一段时间里，我开始积极地完成作业，每天增加英语阅读和写作练习，课后及时复习，并努力补上之前落下的知识点。后来，我的学习成绩逐渐提升。

良好习惯虽小，却能创造美好未来，改变命运，让人受益终身。苏秦每日刺股读书，因此担任了“纵约长”；吕蒙发奋读书，“士别三日，即更刮目相待”，变得有勇有谋，担任东吴大都督。他们之所以能达到这种地步，与他们养成的良好习惯是息息相关的。

作为小学生，要想品学兼优，我们必须养成良好的习惯。良好的习惯是每个人成功的基石，人生因良好的习惯而变得丰富多彩。

习惯决定人生

唐县六一小学　王赫扬

教育家叶圣陶先生曾经说过：“小学生主要是要养成良好的习惯。”从一年级开始，我们就在父母、老师的搀扶下学习走路。这条路是漫长的，也总会有些磕磕绊绊，也总会被扶起来。现在我们慢慢长大了，只有学会自我约束，养成良好习惯，才能打造完美人生。

培养良好的习惯，首先要树立正确的价值观。培养好习惯要从小事做起。“一屋不扫，何以扫天下?”只有把一点一滴的小事做好，才能真正把大事做好。正如刘备所言：“勿以善小而不为，勿以恶小而为之。”即便是微不足道的善行我们也要去做，而任何轻微的恶行都要远离。人非圣贤，孰能无过，一旦犯错，我们应立即纠正。

培养良好的习惯，细节至关重要。见到地上的纸屑，应主动拾起并丢入垃圾桶；上下楼梯时要保持秩序，行走时应靠右行。作为学生，我们不能进入网吧，在家玩游戏也要适度，切勿沉迷于电脑游戏。同样，我们应远离不良场所。

培养良好的习惯，贵在坚持。既然我们已经有了良好的习惯，就要坚持去做，如果放弃了，我们的一切努力不就付诸东流了吗？一个有毅力的人，再远的路程也是近的；一个有毅力的人，才会选择坚持到底。只有坚持下去，好习惯才能保持。

播下一个行动，收获一个习惯；播下一个习惯，收获一种性格；播下一种性格，收获一种命运。良好的习惯对一个人的一生具有深远的影响。培养优秀习惯，意味着要比他人多付出一些努力，看得更远，行动更迅速，动力更充沛，速度更快，且持续时间更长。这体现了一种勤奋主动的精神，一种坚韧不拔、永不言弃的意志，以及一种行动敏捷、做事精准的能力。

古人云："欲取之，必先予之。"我们无论做任何事情，要想取得成就，都必须付出相应的代价。没有付出，就不可能有收获。"不积跬步，无以至千里；不积小流，无以成江海。"任何一项伟大的成就，都是由无数细微的努力积累而成。如果你能比别人多走出一步、多投入一些，并逐渐将这种习惯融入生活，你将会获得超乎预期的回报，拥有一个辉煌而完美的人生。

培养良好习惯心得体会

唐县启明中学　安梓希

拥有良好习惯，可以让我们受益终身。那些执着追寻的好习惯，不但创造了生活的美，更见证着我们的坚持不懈。

我们要养成“大事做不来，小事赶快做”的好习惯。从点滴小事做起，从养成读书习惯做起。已经记不清有多少个认真读书的夜晚，书一卷，灯一盏，清茶一杯，满室皆是茶香与墨香。在柔和的灯光下，我手持一支笔，一丝不苟地在书页上圈圈点点，一遍又一遍，认真地诵读，深深地体会到读书的酸甜苦辣。如同那千变万化的茶味一样，我在书页上一行行优美的文字间找到了快乐。

一路走来，我领略了无数迷人的风景，渐渐地爱上了阅读。每当翻开书页，心中便涌起无限的思绪和感慨。书是知识的宝库，其中蕴含着永恒的智慧和光芒，它照亮心灵，激发深思。经过阅读，我惊喜地发现，我的写作不再困难，文笔变得流畅而富有表现力。阅读不仅提升了我的语文成绩，更让我对学习产生了浓厚的兴趣。无论何时，我们都可以沉浸在知识的海洋中，与历史上的英雄人物对话，与作者进行心灵的交流，从内心深处体验阅读带来的快乐。

我们要养成制订计划的习惯。制订计划使生活充满活力，摆脱懒散的状态。同时，日积月累，持之以恒。我坚信，无论现在还是将来，只要拥有坚定的意志、良好的习惯，并且不断努力，即便是微不足道的小草也能茁壮成长，最终绿意盎然。

我们要养成良好的书写习惯。首先要完成老师布置的作业，其次给自己留作业。每天学完一节课后，我们要整理本节课的重点内容。多写可以让这些知识点深深印在我们的脑海，提高我们的成绩，也能让我们写一手好字。练习书法，最为关键的是一个“精”字。人与书法相得益彰，人如书法，书法如人，只有持之以恒，方能书写出优雅的字迹。

我们要养成预习的习惯。每节课前认真预习能够帮助我们更好地跟上老师的讲课节奏，并深入理解所学知识点。通过预习，当老师再次讲解时，实际上相当于进行了复习，这样我们就相当于学了两遍，可以加深对知识的印象。

我们要养成整理错题的习惯。通过整理个人的错题集，考试前回顾并重新解答这些问题，可以深入理解相关知识点。在做题时，要特别留意这些易错题，从而吸取教训。

坚定的意志是砥砺前行的基石，而养成良好的习惯则需要我们持之以恒。缺乏坚持，任何事业都可能功亏一篑。因此，我们必须勇于挑战自我、突破极限，并全力以赴。只有这样，我们才能最终绽放光芒。习惯是通往成功的桥梁，是我们前进的路径，也是指引我们的灯塔，照亮了我们前进的道路，构成了我们成功的基础。

习惯成就梦想　梦想成就人生

保定市启明职业高级中学　邸国珍

好习惯是伴随我们一生的良师益友，养成好的习惯，有助于我们一生的发展，让我们的人生走向康庄大道。

童年，犹忆父母叮咛

小时候，记忆中最深刻的是妈妈一遍遍地叮嘱："饭前便后要洗手，洗手时要用香皂。""写作业要专心，读书要细心，上课听讲要用心。"那时的我并不理解这些叮嘱的重要性，只觉得啰唆，不愿意听。然而，现在回想过去，我深感懊悔，未能及早培养这些良好的习惯。这让我迟迟未能找到学习的状态，难以集中注意力，学习也变得更加艰难。

我深刻地认识到，养成良好的习惯对我们的一生都具有深远的影响。

初中，谨记老师教诲

升入初中，老师让我们养成预习的好习惯。说实话，最开始我持很不屑的态度，认为预习并不重要，学习只需要上课听老师讲，下课写写作业……

后来，经历了第一次开学月考，成绩可以说是惨不忍睹，这让我开始质疑自己的学习方法，并着手进行调整：课堂上，我努力跟上老师的步伐，遇到不懂的问题及时向老师请教；课后，我开始更加细致和认真地完成作业，并将难题标记出来。此外，我还开始提前预习，以提高第二天学习的效率……

在第二次考试之后，我深刻体会到了良好习惯的魅力，并坚定了继续培养这些习惯、放飞梦想、成就人生的决心。

现在，展望名人风采

进入高中之后，我的视野得到了拓展，认识了许多名人，比如奥运冠军马龙、优秀教练郎平、著名画家齐白石……他们的好习惯对我产生了深远的影响。

奥运冠军马龙曾直言："我之所以能登上这个领奖台，并不是因为我的天赋有多好，而是因为我付出了一定的汗水。""最开始的弱小并不可怕，只要你用心，养成好的习惯，就一定能创造辉煌。"我认为他说得很对，一个好的习惯，奠定了一个好的未来。强者从不抱怨环境，只会改变自己。

郎平曾直言："一个人如果没有好的习惯就无法最高效地迎接人生。"我认同她的观点，并决定向她这种成功人士看齐。

播下一个行动，收获一种习惯；播下一种习惯，收获一种性格；播下一种性格，收获一种命运。习惯塑造性格，性格决定人生。徜徉于漫漫的人生之路，凝视那些脚下的基石，陡然发现，那些石块上的纹理，正是好习惯和好性格的缩影。

好习惯　好人生

唐县启明中学　门怡楠

如果人生是汪洋大海中的一艘船，那么好习惯便是掌舵的舵手；如果人生是金秋田野上飘落的一片叶子，那么好习惯便是那推动它前行的风；如果人生是翠绿的草地和盛开的鲜花，那么好习惯便是滋养它们的土壤。习惯是一种强大而顽强的力量，亦可主宰人生、指明方向。

阅读，可明人生活

正如高尔基所言“书籍是人类进步的阶梯”，阅读的力量是巨大的。读万卷书，行万里路。尽管著名作家沈从文仅有小学学历，但他有一个极好的习惯——广泛阅读，勤于学习。正是这个良好的阅读习惯，让他赢得了世人的赞誉。历史上有匡衡凿壁借光，领悟书中的乐趣；现实中，董卿以其深厚的文化底蕴和流畅的言辞，展现了知识的力量。孟子曾说：“饱食、暖衣、逸居而无教，则近于禽兽。”人的身体需要食物来滋养，而精神则需通过阅读和良好的习惯来培养。

积极豁达，可明人之志

尽管苏轼多次遭受贬谪，他依然以乐观的态度笑对人生，洞察世事。他吟咏：“人生如逆旅，我亦是行人。”范仲淹亦有言：“先天下之忧而忧，后天下之乐而乐。”李白在仕途上受挫，被排挤出京城后，依然吟唱：“长风破浪会有时，直挂云帆济沧海。”这些古人的豪情壮志，正是我们应当学习的。只有克服内心的障碍，以乐观的心态面对世事，我们才能够实现人生之梦。

自律，成就人生之路

自律者出众，懒惰者出局。懒惰是导致失败的直接原因，唯有战胜懒惰，方能铺就成功之路。当下，不少青少年深陷手机网络游戏的泥潭，难以自拔。即便在完成学业任务时，他们也会依赖某些辅助软件，这导致他们缺乏自我思考和判断力，过度依赖，懒惰成性。这不仅影响了学业成绩，也削弱了他们解决问题的能力。为了避免这种状况，我们必须摒弃不良习惯，塑造坚强的人格，成为自律的典范。

任人生起起落落，四季轮回，花开花落，好习惯会使我们的人生变得精彩。我们只有坚持好习惯，改掉坏习惯，才能在人生路上绽放光彩。坏习惯毁掉人生，好习惯成就好人生。漫漫人生路，好习惯乃成功之关键。

诺亚人之歌

作词： 王建刚
作曲：大致睿和

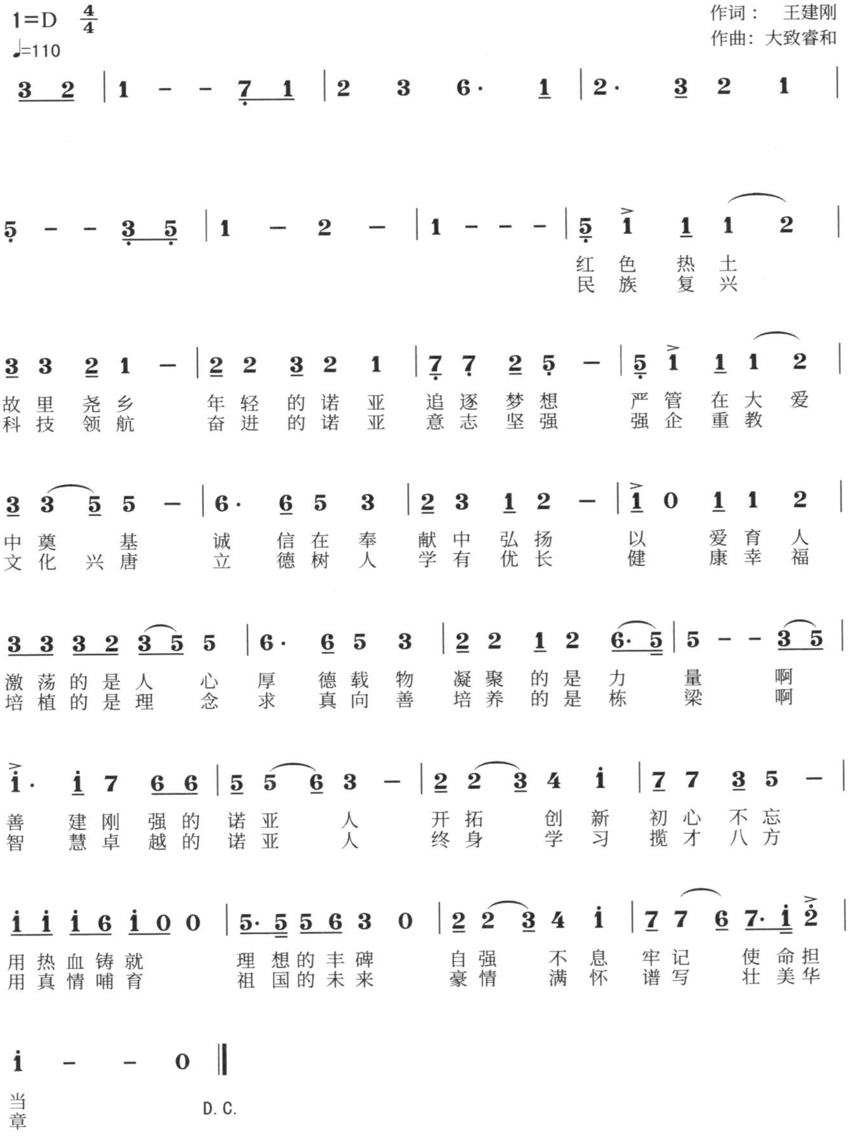